ビジネスパーソンのための人工知能入門

巣籠悠輔・著

本書のサポートサイト

本書に関するサポート情報を以下のサイトで提供していきます。

https://book.mynavi.jp/supportsite/detail/9784839965518.html

- 本書は2018年4月段階での情報に基づいて執筆されています。
- 本書に登場する製品やソフトウェア、サービスのバージョン、画面、機能、URL、製品のスペックなどの情報は、すべてその原稿執筆時点でのものです。執筆以降に変更されている可能性がありますので、ご了承ください。
- 本書に記載された内容は、情報の提供のみを目的としております。したがって、本書を用いての運用はすべてお客様自身の責任と判断において行ってください。
- 本書の制作にあたっては正確な記述につとめましたが、著者や出版社のいずれも、本書の内容に関してなんらかの保証をするものではなく、内容に関するいかなる運用結果についてもいっさいの責任を負いません。あらかじめご了承ください。
-

イントロダクション

「ちょっとさ、人工知能を使ってなんかプロジェクトやってみてよ。」

こんな一声が、目の前に座っている上司からあなたに投げかけられたとしましょう。毎日のように人工知能（ＡＩ）に関する話題がニュースで取り上げられていますし、社内でこうした発言が出てくるのは、ごく自然な流れと言えます。では、いざこの言葉を目の前にしたとき、あなたならどういった反応をするでしょうか？

もしかすると、これは大きなチャンスだ、と思う方もいらっしゃるかもしれません。しかし、おそらくこの文章を目にしている多くの方が、こう思うのではないでしょうか。

「これは大ピンチだぞ」と。

あなたは素晴らしいビジネスマンでしょうから、そんな内心の焦りは露ほども表面には出さず、「任せてください」と返事をするでしょう。でも、ここからが大変です。この局面を打開するには、いったいどうすればいいでしょうか。

この本の目的は、こうした、ビジネスの現場で起こり得るであろうピンチな状況を、チャンスに変えることです（あるいは、もしあなたが上司の立場だったら、知らず知

らずのうちにピンチな状況をつくり出してしまわないようにすることです）。世の中で氾濫してしまっている「人工知能」という言葉に惑わされないようにするためには、人工知能についての正しい知識を身につけ、理解することが必要です。

では、そもそも人工知能とは何でしょうか？　そのまま文字通りに見れば「人工的な知能」あるいは「人工的につくられた知能」と読むことができます。一方で、世の中を見渡すと、何か「人間を超える知能をもった存在」がイメージされている場合が多いようにも思えます（そうすると、今度は「知能とは何か」あるいはもっと突き進むと「人間とは何か」と言った、哲学的な問いについつい頭が向いてしまいますが、それは脇に置いておきましょう）。

本書では、人類を滅ぼしてしまうような恐ろしいロボットも、あるいは、「助けて！」と叫ぶと、未来の道具で何でも願いを叶えてくれる青いロボットも出てきません。もっと、きちんと地に足の着いた人工知能の話をしていきます。人工知能は、１９５０年代から現在にいたるまで最も盛んに研究されてきた分野のひとつであり、学問としても非常に体系的にまとまっています。今世の中を賑わせているのは、その研究の成果と言えるでしょう。

一方、「人間を超える知能をもった存在」がすでにできているかと言うと、ご存じのとおりそれにはまだまだいたっていない、というのが現状です。しかし、それを実現すべく、たくさんの研究がなされ、たくさんの技術が確立されてきました。この確立されてきた技術が、今の人工知能ということになります。

その中でも、特に大きく人工知能分野の発展に貢献したのが、**機械学習** そして **深層学習**（あるいは **ディープラーニング**）と呼ばれる技術になります。名前だけは聞いたことがあるという方も多いのではないでしょうか。ですので、「人工知能でなんかプロジェクト」と言われたときには「機械学習・深層学習でどうビジネス課題を解決すればよいか」と置き換えて考えればよいケースがほとんどです。

では、これらの人工知能技術の中身は何かと言うと、その大部分は数学によって支えられています。数式によって人間の知能は記述され、機械に組み込まれている、すなわちプログラミングされているわけです。

さて、数学、と聞いてこの本を閉じたくなった方もいるかもしれませんが、安心してください。本書はあくまでもビジネスで人工知能を活用するために知っておくべきことをまとめたものですから、難しい数式は一切出てきません（もちろん、プログラミングも）。それよりも、機械学習・深層学習がどういった考えに基づいてできた技術なのか、そしてどういったシーンでその技術が活かされるのかについて、多くのペー

ジを使って説明していきます。

機械学習・深層学習という言葉は聞いたことはあるけれど、実際にそれがどういったものなのかよく分からない、どういう風にビジネスに適用できるのかよく分からない、どういう風に評価すればよいのかよく分からないといった方にとって、本書は役に立つはずです。

ここで、あらかじめお断りをしておきます。この本はあくまでもビジネスマンの方に向けたものですので、厳密さを追求するというよりかは、ビジネスを進めるうえで知っておくべきことをまとめたものになります。ですので、人工知能の研究をしている方、あるいは技術者の方にとっては、もしかすると「ここは説明が足りないのでは」と思われる箇所があるかもしれません。そういった方は、一歩引いて、「でも確かにこの本の内容くらいの理解がある人とだと、一緒に仕事がしやすくなりそうだ」くらいに思ってもらえれば幸いです。それが、この本の目的でもあります。

人工知能は万能ではありません。ビジネス上における課題は千差万別ですが、人工知能に向いているもの、向いていないものは当然あります。本書が目指すのは、そうした課題が目の前にやってきたときに、それがそもそも人工知能で解決できるものなのかを判断できること、そしてもし解決できるならば、人工知能のどの技術を使えばよいのかまで分かるようになることです。

私は職業柄、人工知能を使ってこういうことがしたい、こんなことはできるのか、といった相談をいただくことがよくあります。その内容は抽象的なものから具体的なものまでさまざまですが、そこからたくさん会話を重ねるうちに、実は意外と多くの方が、同じような箇所で悩みや疑問を抱えているということを知りました。本書は、そうした共通の疑問になるべく多くお答えできるような内容にまとめたつもりです。

「ちょっとさ、人工知能を使ってなんかプロジェクトやってみてよ。」

こんな一声がやってきたときに、内心ニヤリとしながら、そんなことは露ほども表面には出さず、

「これは大チャンスだぞ」

と思えるようになる。そして、実際にチャンスをものにする。これが、私の心からの願いです。

2018年4月

巣籠悠輔

Contents

イントロダクション……3

1 知識編

人工知能とは……11

1.1 そもそも人工知能をつくる目的は？……12

「面倒くさい」が技術を進歩させる……15

ビジネスも「効率化」するのではなく「楽」をする……17

1.2 その人工知能「どの」人工知能？……19

強い人工知能と弱い人工知能……20

「弱さ」にも種類がある……24

1.3 知能を得るには知識が必要……28

思考が早い人工知能 ― 第1次ブーム……32

何を思考すればいい？……37

博識な人工知能 ― 第2次ブーム……44

あいまいな知識は人間だけのもの……48

知識だけで知能はできない……50

1.4 人間が頑張るから機械が学習するへ……57

学習とは、パターンに分けること……60

Contents

パターンに分けるとは、知識を身につけること……61
学習する人工知能 ― 第3次ブーム……68

2 実用編
機械学習：問題を整理し解決する……73

2.1 問題を整理する……74
課題のパターンを整理する……81
課題設定を整理する……93

2.2 問題へのアプローチ……101
人間も機械も、知らないものは知らない……103
アプローチのときは、三角関係を意識する……108

2.3 学習を評価する……115
評価のために未知をつくりだす……117
評価の落とし穴に注意……120
数値が悪くても「いい」場合がある……124
評価のインパクトは%になる……126

2.4 推薦問題を考える……129

Contents

3 発展編

深層学習というブレイクスルー……137

3.1 深層学習は「どこが」すごいのか？……138
特徴を捉えないと予測はできない……142
脳みそをモデル化する……151
テクノロジーの進化は単独では成し得ない……161

3.2 深層学習は「どこで」すごいのか？……165

4 実践編

ビジネスでAIを展開する……171

4.1 中を育てるのか 外に頼むのか……173
データサイエンティストなのか 機械学習エンジニアなのか……175
ブーム最大の貢献は環境が整ったこと……178

4.2 機械学習に必要なものを知る……180
（再び）ブーム最大の貢献は環境が整ったこと……183

4.3 機械学習なのか 統計なのか……188

エピローグ……194
索引……198

人工知能とは

人工知能について知ることは、
人間について深く知ることでも
あるのかもしれません。

（羽生善治）

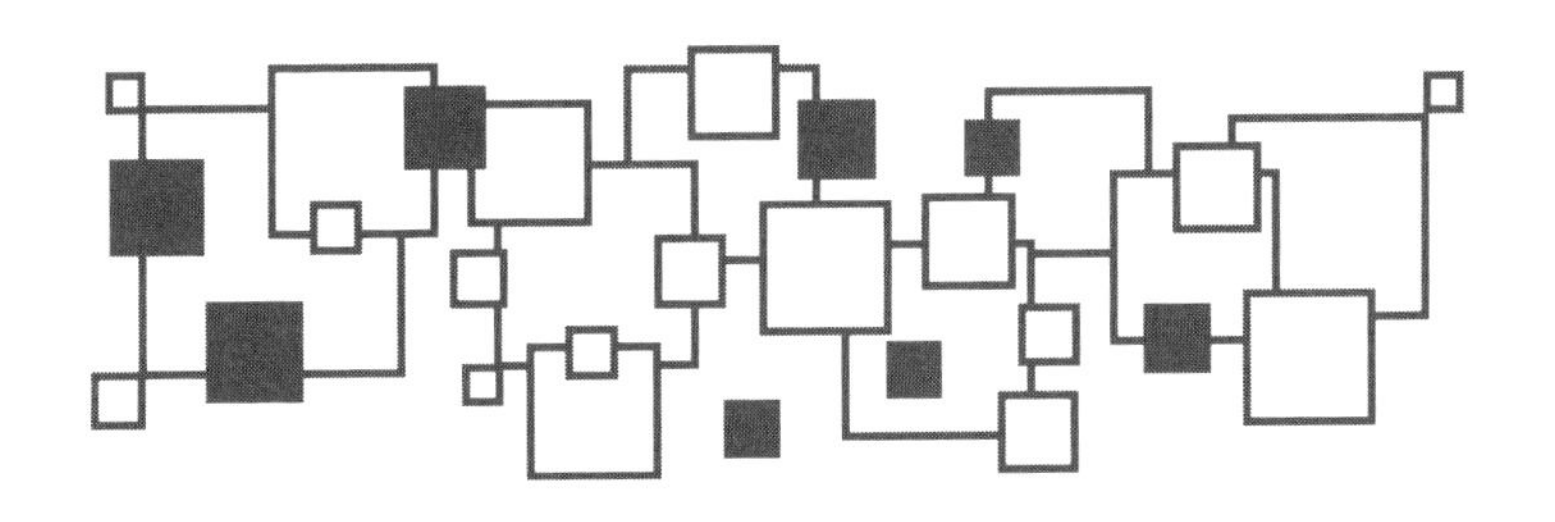

1.1 そもそも人工知能をつくる目的は?

人工知能、という言葉を聞いて、あなたなら何を思い浮かべるでしょうか？　例えば映画やアニメでは、人工知能が人類を手助けする存在として描かれていたり、あるいは反対に人工知能によって人類が滅びそうになってしまう世界が描かれていたりと、善にもなったり悪にもなったりさまざまです。悪として描かれている作品のほうが多いように思えるのは、クローン人間とまではいかないまでも、人間が人間をつくりだしてしまう、といったニュアンスを含んでいるからでしょうか。

いずれにせよ、人工知能は「人類に大きな影響を与えるもの」としてのイメージが醸成されていますし、私たち誰しもが、少なからずそういったイメージを持っているでしょう。言葉通りに意味をとらえると「人工的な知能」にしかすぎないのに、なぜか人間を超えるものが連想されるのは、なんとも不思議なことですね。

一方、ビジネスでの活用を考える場合、もっと具体的に人工知能について知らなくてはなりません。ここで言う人工知能とは、機械上で実現されている技術としての人工知能であり、「人工的な知能」を実現するためにこれまで積み重ねられてきた研究の成果のことを表します。

研究分野として人工知能が確立されたのは、今から半世紀以上前、１９５６年の夏になります。当時開かれた **ダートマス会議** と呼ばれるカンファレンスにおいて、人

類史上はじめて「人工知能」という用語が使われたとされています。世界で最初に開発されたコンピュータである**ENIAC**（エニアック）が発表されたのが１９４６年ですから、そのわずか10年後には、機械上で人間の知能がつくり出せないかという構想があったことになるわけです。

それから今までにかけて、人間の知能を反映させた存在として人工知能をつくり出そうと研究が進んでいるわけですが、では、そもそもなぜ、私たちはこうも人工知能に期待を寄せてしまうのでしょうか？　なぜ、人工知能をつくりたいのでしょうか？

もちろん、科学者の純粋な研究心というのもあるでしょう。しかし、私ならこう答えてしまいます。

「人間は**楽をしたい生き物**だからだ」と。

決して、ふざけているわけではありません。人工知能は、人間の「楽をしたい」という欲望を満たすためにつくられるのだ、と言ってしまって構わないでしょう。なぜでしょうか？　それは、人工知能もテクノロジーのひとつだからです。どういうことなのか、もう少し丁寧に説明していきます。

「面倒くさい」が技術を進歩させる

そもそも、人間はあまり我慢強くないですし、面倒くさがりです。「努力の天才」という言葉があることが、それを物語っていると言えるでしょう。私もご多分に漏れず、面倒なことはどんどん後回しにしてしまい、締め切りギリギリになって慌てて取りかかる、といったことがよくあります（我ながら困ったものです）。

でも、この我慢強くない、という性質が、テクノロジーの発展に大きく寄与したと言えます。例えば、どこか別の場所へ行きたいとしましょう。このとき、人間はもともと、歩いたり、走ったりするしか移動手段がありませんでした。これだと、遠い場所に行きたい場合はとても疲れますし、特に大きな荷物を抱えているときなんかは、そこへ行くのを想像しただけでげんなりしてしまいそうです。

ここで、人間がとても我慢強い性質を持つ生き物だとします。そうすると、どんなに遠い場所に向かっている道中でも、きっとなんとも思わず、ひたすら歩いて（あるいは走って）目的地に突き進むことでしょう。雨ニモマケズ、風ニモマケズ。

しかし、実際は人間はちっとも我慢強くないので、なんとか疲れないで目的地に行

く方法を考えることになります。こうして生み出されたものが自動車なり、自転車だったりするわけですね。そして、今度は「早く移動したい」「安全に移動したい」といったわがままが、それぞれの発明をまた進化させていくことになります。まさしく、人間の「楽をしたい」という欲望を満たすために、テクノロジーが発展を遂げたと言えます。（ちなみに話は若干それますが、世界初の自動車のほうが、世界初の自転車よりも早く発明されています。意外でしたか？）

この例だけにとどまらず、家の中のことだけでも、掃除を楽したい、洗濯を楽したい、料理を楽したい等々、さまざまな場面で私たちは面倒くさがり力を発揮し、それが私たちの生活を便利にすることにつながっています。

さて、散々な物言いをしてきましたが、ここまでの話の中で意識してほしい大事なことは、ここで出てきた「楽をしたい」という言葉は、実はすべて何か物事を「効率化したい」という言葉に読み替えることができる、ということです。世の中にあるテクノロジーは私たちの生活に欠かすことのできない存在になっていますが、よく考えてみると、それがなくても人間は生きていくことができます。ただし、人間が手作業でやっているとたくさんの時間がかかってしまい、できることが限られてしまうので、私たちはテクノロジーを活用して作業を効率化しているわけですね。

ビジネスも「効率化」するのではなく「楽」をする

ビジネスでも同じことが言えます。ビジネスの世界ではとにかく効率化が騒がれています（し、実際大事なことです）が、これをもっとストレートな言い方にすると、「もっと楽して稼ぎましょう」と言っているに他なりません。テクノロジーを使ってもっとビジネスを効率化したい。もっとビジネスを楽に進めたい。そのテクノロジーとして期待されているのが、今の人工知能ということになります。

ですので、「人工知能を使ってなんかプロジェクト」をやる場合、仮に人工知能技術を導入できたとして、その結果もし導入前後で楽できるところが何も変わらなかったのだとすると、そのプロジェクトは失敗、ということになります。あるいは、人工知能を使うまでもなく、もっと単純な方法で同じことが実現できるということが分かっているのにもかかわらず、人工知能を使うことが目的になってしまい、無駄に時間や費用をかけてしまうのも、もちろん失敗です。あくまでも目的は楽をすることですので、目的と手段が逆転してしまっては、元も子もありません。やみくもに人工知

能を導入するのではなく、自社のビジネスのどこに人工知能が活かせるか、つまりはどこを楽したいか、を事前に考える必要があります。

ちょっとばかり脅かしてしまいましたが、実際のところは、何も身構えることはありません。要は自分が楽をするための存在が人工知能なので、自分が仕事をしている中で、「これはだるい」とか「ここはもっと楽したい」といったシーンに出くわしたとしたら、そこが人工知能を導入すべきところ、そしてチャンスが眠っているところと思っておけばいいでしょう。眉間にシワを寄せて考え込んでしまうよりも、意外と日頃の仕事の中に、アイデアの種が眠っているはずです。

その人工知能「どの」人工知能？

さて、人工知能というテクノロジーによって私たちは楽ができるということは分かりました。では、何から何まで人工知能で楽ができるか、と言うと、残念ながらそうではありません。人工知能にも得意・不得意があります。人工知能を活用したいのならば、当然ながら人工知能が得意なことをやってもらわなければなりません。ではこの得意なこととは、いったい何なのでしょうか？　それを知るためには、まずは人工知能の現状について、把握しておく必要があります。

強い人工知能と弱い人工知能

もしあなたがすでに人工知能の導入を命じられてしまっているならば、この本を手にする前に、今の業界・市場ではどのように人工知能が使われているのか、じっくりリサーチしているかもしれません。そうでなくても、世の中は人工知能という言葉で溢れかえっています。例えばちょっと家電売場を覗いてみるだけでも、

・人工知能を搭載した掃除機がお部屋を自動でお掃除

・人工知能を搭載した電子レンジがお薦めのメニューを提案
・人工知能を搭載したエアコンがお部屋の温度を最適にコントロール

といったように、人工知能搭載！ を謳った家電が増えています。家電以外にも、資産の運用をしてくれる人工知能だったり、転職するときにお薦めの会社を紹介してくれる人工知能だったり、はたまたあなたの理想のお相手を紹介してくれる人工知能だったりと、日々のさまざまなシーンで人工知能が登場しており、私たちの生活をばっちりサポートしてくれそうです。

でも、ここでふと疑問に思うわけです。どうして世の中にはこうもたくさんの人工知能があるのだろうか、と。ひとことで言うと、そう、細かすぎるのです。なぜ、それぞれの家電ごと、あるいはシーンごとに人工知能が分かれているのでしょうか。例えば、たまたまネコのようなタヌキのような形をした人工知能ロボットが、生活のすべてまるっとサポートしてくれてもいいはずです。

これには深いわけがある…というわけではなく、単純に現状の技術では、何から何までこなしてくれる人工知能を実現することができていないだけです。人間は周りの環境に合わせ、ひとりでさまざまな物事をこなすことができますが、それに対し、今

の人工知能は、事前に決められた限定的なタスクしか取りかかることができません。「人間を超える知能」を持つどころか、「人間と同等の知能」さえも持ち合わせることができていないのが現実です。

つまりここには技術的に大きな隔たりがあるわけですが、これらを明確に区別する意味で、「人間と同等の知能」を持つ人工知能のことを **汎用人工知能** と呼び、現状のタスクごとに細かく分けられた人工知能のことを **特化型人工知能** と呼びます。人工知能の研究では、長くに渡りこの汎用人工知能を実現しようと実験が行われてきました。その過程で積み重ねられてきた技術が、発展途上の特化型人工知能として現在活かされているわけです。

また、これらはそれぞれ別の呼び方を持ち、汎用人工知能は **強い人工知能**、特化型人工知能は **弱い人工知能** とも呼ばれます。厳密には、この2種類の呼び方の間には若干の違いがあり、人工知能が「強い」のか「弱い」のかは、それが「人間のような意識を持っているか」で区別されます。ただし、もし「人間と同等の知能」を持ち合わせているのであれば、そのときは機械はきっと何らかの自意識も持っているだろう、ということで、両者は同じと言ってしまって問題ありません。いずれにせよ、大事なのは、まだ強い人工知能はできていない、ということです。

汎用人工知能

=

強い人工知能

越えられない壁

特化型人工知能

=

弱い人工知能

「弱さ」にも種類がある

世の中には（少なくとも現時点では）弱い人工知能しか存在しないわけですが、長く行われてきた研究の成果によって、同じ弱い人工知能の中でも、着実に力をつけてきています。特に、人工知能技術はこれまでに3回、大きくパワーアップをしました。そのきっかけとなったのが、人工知能ブームと呼ばれるものです。

パワーアップが3回、ということは、人工知能ブームも3回あるわけですが、それぞれ、どのように人間の知能を実現しようとしたかで、アプローチが異なります。それぞれのアプローチを次ページの図に簡単にまとめてみました。ただし、まだここに書いてある用語がどんなものなのかについては、分かっていなくて構いません。順を追って、説明していきます。用語自体は、いったん頭の隅にでもとどめておいてください。

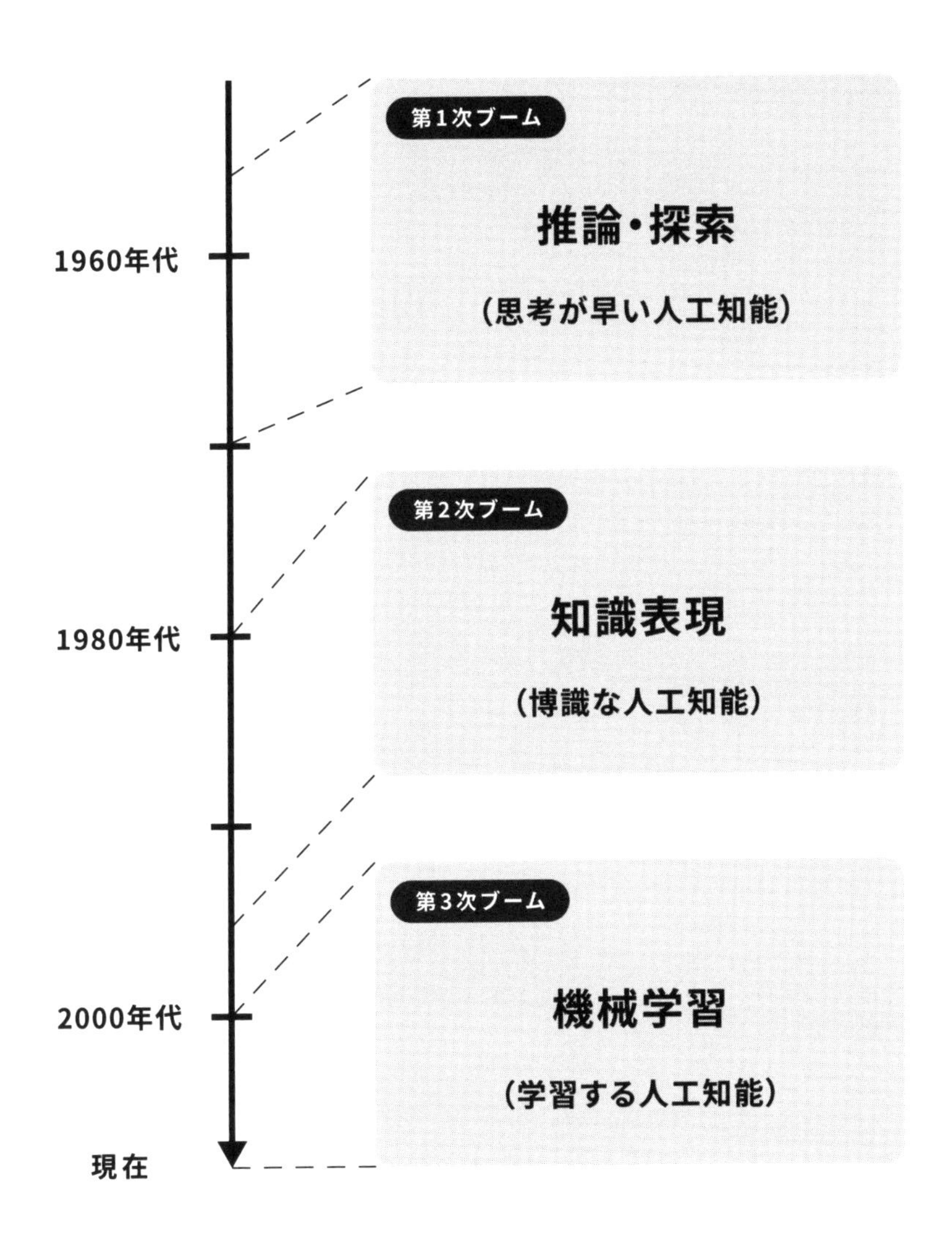
第1次ブーム
推論・探索
（思考が早い人工知能）
1960年代
第2次ブーム
知識表現
（博識な人工知能）
1980年代
第3次ブーム
機械学習
（学習する人工知能）
2000年代
現在

図にも描いてあるとおり、現在は第3次ブームのまっただ中です。では、これまでのブームで生み出された手法はもう使われていないのかと言うと、決してそんなことはありません。こうした、よくある間違い・勘違いとしては、次のようなものが挙げられます。

× 過去のブームの手法は、古くて役に立たない
× 最近のブームの手法のほうが、理解するのが難しい
× 最近のブームの手法のほうが、つくるのも難しい

新しい手法になるにつれ、強い人工知能の実現に向けてより高度なことができるようになった、ということは間違いありません。しかし、古い手法でもこなせるタスクは多くありますし、場合によってはそちらのほうが早い、というケースも往々にしてあります。あくまでも、古い手法は人間の知能をつくるには向いていなかった、というだけで、技術的にはビジネスにも役立ち得るものです。

つまり、結局のところは、課題に応じて適切な人工知能を選択しましょう、ということになります。なんとも煮え切らない話に聞こえますが、それぞれの手法の中身を知っておけば、この課題はこの手法がよさそうだな、と自ずと分かるようになってきます。本書では新しい手法についてページを多く割いてはいますが、過去のブームにおける手法もひと通り説明していきますので、それぞれがどういったものなのか、感触をつかむようにしましょう。

覚えなきゃいけないことが多そうだな、と嫌な予感を覚えた方もいらっしゃるかもしれませんが、実際のところは大したことはありませんので、安心してください。むしろ、それぞれの手法はシンプルな考えにのっとっているので、驚くほど理解しやすいはずです。

世の中にある人工知能を取り入れた商品やサービスも、どの人工知能が使われているかは色々です。同じ人工知能でも、必ずしも最新の技術を使ったものではないケースも多々ありますし、それ自体は決して悪いことではありません。大事なのは、実現したい商品やサービスの形に向けて、どの人工知能がベストなのかが分かり、それをきちんと選択してプロジェクトを進めることです。

ですので、人工知能という言葉を世の中で見かけたら、そこにはどのような手法が用いられているのか推測できるようになる。そうなることがまずはじめの目標です。そうすると、世の中がちょっと違った景色に見えて、楽しくなると思いませんか?

1.3 知能を得るには知識が必要

これまでにたくさんの人工知能が考えられ、つくられてきたわけですが、人工知能には、常にそれをどう評価すればいいのか、という厄介な問題がつきまといます。人間は知能を持つ生き物である、ということは疑いようもありません。しかし、よく考えてみると、何をもって知能を持つと言えるのかについては、はっきり「これ」と言えるものがないからです。機械が知能を持つかどうかに関しては、哲学上もかなり厄介な問題として分類されています。

実は、機械の知能に関する研究は、「人工知能」という言葉が生まれた1956年よりも以前から行われていました。言葉としてははっきりと規定される前から、概念としては認知されていたわけですね。そうした、「知能とは何か」が最大の問題であった中、1950年に**チューリング・テスト**と呼ばれる有名なテスト手法が考案されました。といっても、その方法はとてもシンプルで、次のようなものになります。

・審査員の前に2台のディスプレイを置く
・審査員は各ディスプレイ上でテキストベースのチャットを行う
・一方のディスプレイでは人間が受け答えをし、もう一方のディスプレイでは機械が受け答えをする
・どちらのディスプレイにどちらが受け答えをしているのかは、審査員からは見えない
・審査員が機械を人間だと判断すれば、その機械は知能を持っているとする

これで機械が知能を持っているかどうか本当に分かるのかというと、反論もあるのは事実です。しかし、チューリング・テストの最大の貢献は、「機械が知能を持っているのか」ではなく、「機械が知能を持っている存在として人間が認知できるか」という問題に置き換えた、という点にあります。

要するに、人工知能の「よさ」を測るには、あるタスクを与えて、それに対する達成度を見ればいい、ということです。そうすることで、厳密に数字を用いて人工知能を評価することができるようになるわけですね。

チューリング・テストの例

審査員

「幼少期のことを教えてください」

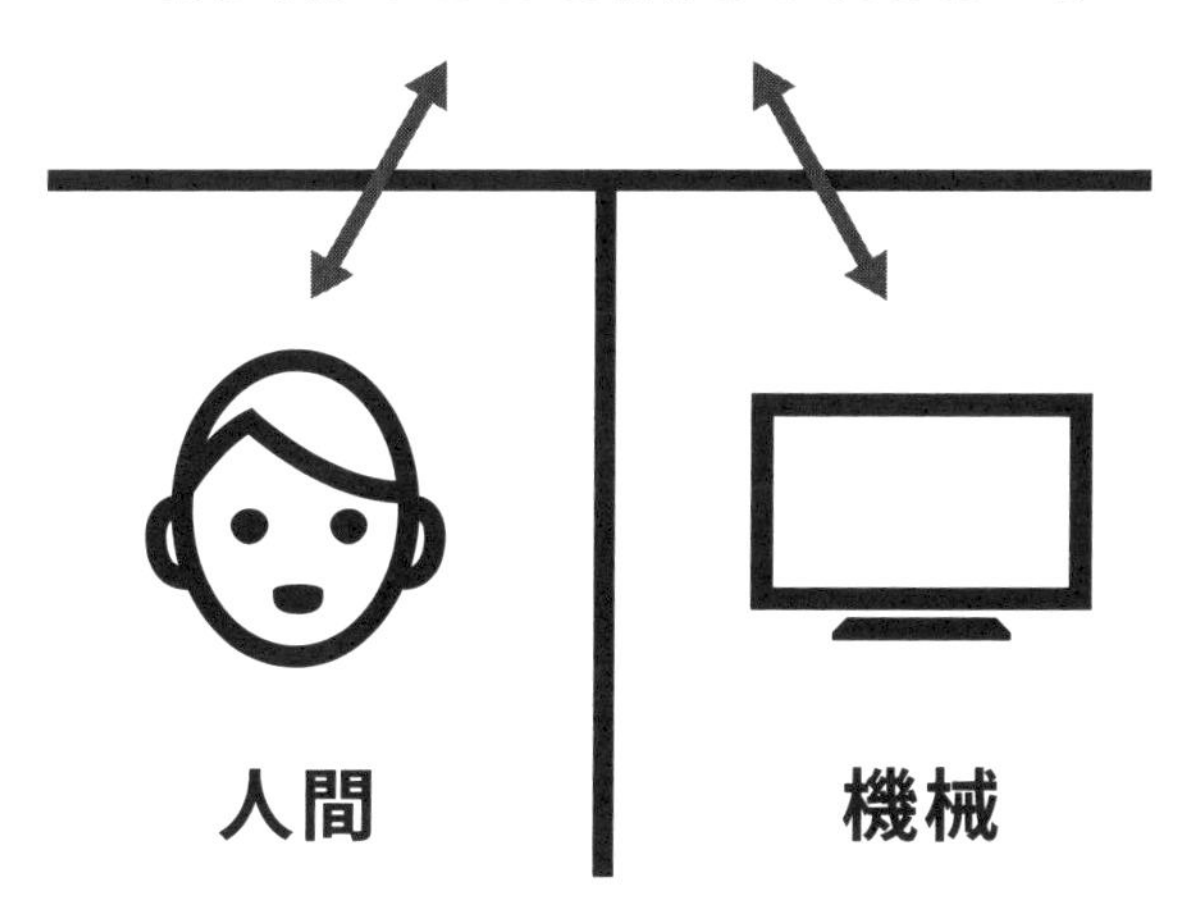

思考が早い人工知能 ― 第1次ブーム

そうした評価方法ができあがっていった中、人工知能は第1次ブームを迎えます。このブームでのキーワードは、**推論** そして **探索** と呼ばれる手法です。それぞれ、どういったものなのか見ていきましょう。

タスクの達成度を評価するためには、それをこなすための知識がまず必要になります。人間も、何も知らない分野の仕事を急にやれ、と言われても、手も足も出ませんよね。一方、さすがに知識ゼロでは厳しいものがありますが、「一を聞いて十を知る」ということわざがある通り、ちょっと教わるだけであっという間に仕事ができてしまうスーパーマンのような人も中にはいます（ぜひ採用したいものです）。

つまり、仕事ができる、というのは、「自分が持つ知識と知識を組み合わせることで、仕事に必要な知識を新たに見つけられる」かどうかになります。どの知識を組み合わせればいいのか、というところに知能が使われているわけですね。

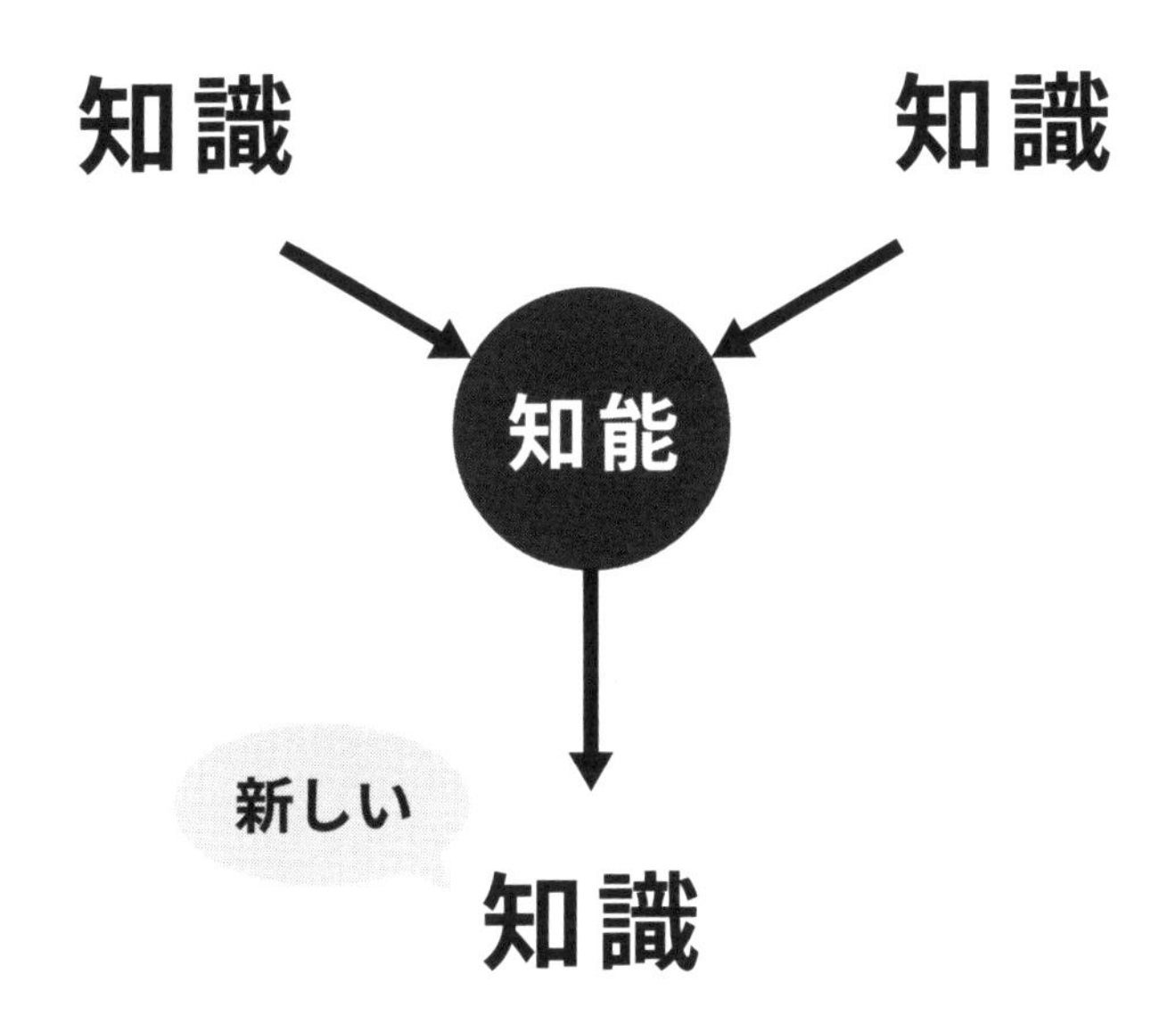
知識
知識
知能
新しい
知識

人工知能における推論も、まさしくタスクを達成するのに必要な知識をいかに考え出せるか、が評価のポイントになります。

これを説明する分かりやすい例としては、オセロゲームが有名です。ここでは、人間と対決してどれだけ強い人工知能がつくれるかが、評価基準となります。

まずは、オセロの基本ルールを知識として人工知能に教えます。

- **自分と相手と交互にひとつずつコマを打つ**
- **自分のコマで相手のコマをはさむと、はさんだコマは自分の色にできる**
- **コマをすべて打ち終えたとき、コマ数が多い方が勝ち**

他にもいくつか細かいルールはありますが、これらの知識をもとに人工知能はオセロゲームを進めていくことになります。

では、この基本的な知識だけを得た人工知能は、どのようにゲームを進めると予想できるでしょうか？　おそらく、まずは「なるべく相手のコマを多くはさめる位置に自分のコマを置く」という戦略をとるでしょう。最終的に自分のコマが多ければいいのですから、その手その手で最も多くのコマをはさむことを目指すはずです。

しかし、実際はもし次の手で相手がより多くのコマをはさめてしまうのならば、逆転されて負けてしまいます。ですので、例えば新たな知識として、

・相手はより多くのコマをはさめる場所にコマを置く

という内容を人工知能に教えます。すると、その人工知能はこれまでの知識を組み合わせて「自分が多くのコマをはさめつつ、相手の番では自分のコマがあまり取られない場所にコマを置く」という新しい知識を推論することができるようになります。

ここで重要なのは、この新しい知識は人間が教えたものではない、ということです。人間が細かい知識をすべて教えるまでもなく、機械が自分で知識を推論できるようになる。これにより、人間は楽をできるようになるわけですね。また、基本的には人工知能に知識を与えていくことで実現できることも増えてはいきますが、どのような知識を与えるかによって、どういったことが実現できるか、すなわち推論できるようになるかも変化していくので、人工知能に教えるべき知識の選択は重要です。

さて、こうした「仕事ができる」と同じような意味で、同じくらいよく使われる言葉として「仕事が早い」があります。先ほどのオセロの例でも、もし完ぺきな手を見つけられるような人工知能ができたとしても、その手を見つけるのに毎回何日何時間もかかってしまう、というならばまったく意味がないですよね。

実際、「自分が多くのコマをはさめつつ、相手の番では自分のコマがあまり取られない場所にコマを置く」を更に発展させていくと、「更にその次にも自分が多くのコマをはさめつつ、相手の番では自分のコマがあまり取られない場所にコマを置く」「更にその次の次にも…」「更にその次の次の次にも…」といったように、どんどん先のことを考えなければならなくなるので、より多くの思考が必要になります。

このように、推論により新しい知識を得た場合は、それをもとにできるだけ早く最善の結果を見つけ出さなくてはなりません。そして、この「いかに新しく得た知識を早く実現するか」を考えた手法が探索になります。特に、第1次ブームの時代は機械の処理能力がまだまだ低かったため、探索の効率は人工知能の能力に大きく影響しました。つまり、推論と探索はセットになってはじめて意味を持ち、特に探索はアウトプットを得るうえで非常に重要だったわけです。第1次ブームの人工知能が「思考が早い人工知能」と評されるのも、そのためです。

実は、最近になって人工知能が囲碁や将棋で人間に勝てるようになった、というニュースが出てくるようになったのは、第3次ブームにおける手法の発展の成果もあるのですが、同時に、推論・探索手法も発展してきたこと、そして機械の計算速度が格段に向上したことも大きな理由のひとつです。

何を思考すればいい？

ここまでの話を聞くと、推論・探索の技術を使うだけで、だいぶ楽ができそうな気がしてきます。いくつかの知識を教えると、すばやく最善の結果を導き出してくれる――もはや文句なしの人工知能に思えます。

しかし、実際のところは、この人工知能で楽ができる場面は多くなく、むしろ非常に限定的な分野のみとなってしまいました。いったいなぜでしょうか？　少なくとも、

オセロの例ではうまくいっていました。

これを考えるには、人工知能が実際は何をやっているのか、すなわち人工知能が行う「タスク」を要素分解して考えてみる必要があります。オセロの例では、「オセロで対戦相手に勝つ」というのがタスクとなります。これを要素分解していくと、次の3つから構成されていることが分かります。

環境：オセロのゲーム盤
状態：自分のコマと相手のコマが並んでいる
行動：コマを置く

つまり、タスクとは「与えられた環境で、ある状態にあるときに、どのような行動を取ればいいのか」を問うているものになります。自分のとる行動によって環境の状態は変わりますから、その都度、最適な行動をとる必要が出てきます。

環境

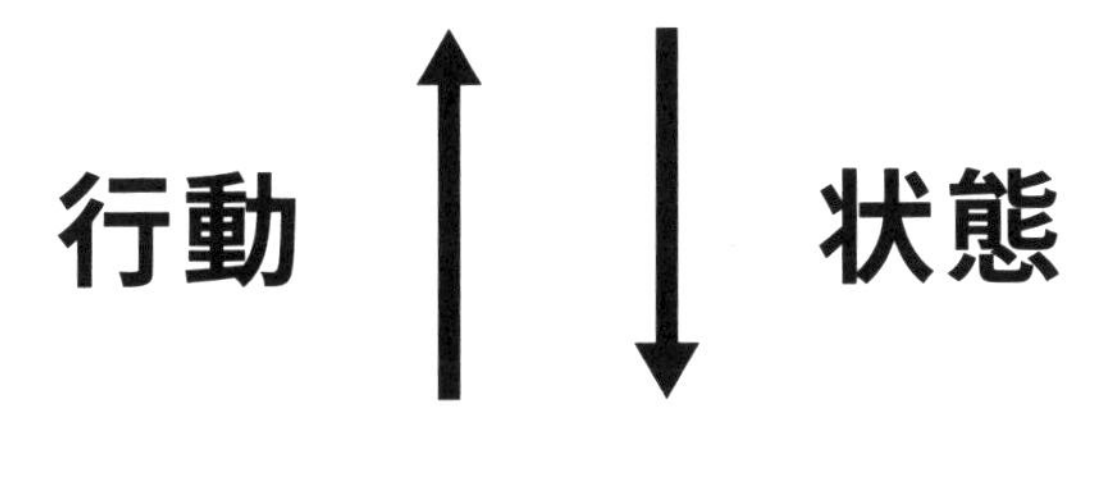

人工知能

ビジネスで推論・探索を活用しようと思った場合、ここに難しさがあります。例えば「新商品の売上・利益を最大化できるような広告戦略をとる」というタスクを考えてみましょう。広告にはテレビCM、ラジオCM、新聞広告、ウェブ広告、PRイベントなどなどさまざまな種類がありますので、行動はこれらのどこにどれくらいの予算を投入するのか、になるでしょう。

環境：？
状態：？
行動：各広告に予算を投入

では、残り2つ、環境と状態はどうでしょうか？　ここがクセモノです。環境は、簡単に言ってしまうならば「世の中」だとか「社会」といった言葉で表せるかもしれません。でも、このときの状態はうまく表せるでしょうか？

環境：世の中
状態：？
行動：各広告に予算を投入

世の中（環境）に対して広告を投入（行動）することで、多かれ少なかれ世の中に影響はありますから、間違いなく状態は変化します。でも何の状態が変化するのか…と聞かれると、それを明確に言い表すことはできないのではないでしょうか。ここで行き詰まってしまいました。

推論・探索の手法は、環境と状態が知識として与えられたときに、とるべき行動（新しい知識）を推論し、そこから実際どの行動をとるのが最善なのかを探索するものです。ですので、環境・状態・行動のそれぞれをきちんと機械が理解できる形で書き表せない限り、人工知能として成立しないのです。

つまり、あくまでも推論しやすいような知識を考えるのは人間の作業であり、人間が機械にインプットできる形で知識を書き表せない限りは、その問題を解くことはできない、ということです。オセロのように問題が明確になっているものはめっぽう強

いのですが、ビジネス上の課題はもっとあいまいなものがほとんどです。

結局、第1次ブームの人工知能は、「思考は早いけれど、何を思考すればいいのかが分からない」という存在であり、思考できるのはあらかじめ設定された環境下での問題のみ、という結果となったわけです。これを指して、この人工知能は**トイプロブレム**しか解くことができないと言われ、ブームは去っていきました。―人工知能、冬の時代の到来です。

ただし、「人間の知能の実現」という意味では推論・探索は役不足でしたが、実社会でも活用できるシーンはあります。例えば目的地までの交通路案内サービスを考えてみると、

- **人はなるべく早く目的地に着きたい**
- **人はなるべく安く目的地に着きたい**

という知識を与えることで、現在地から目的地までのベストなルートを見つけ出してくれるようになるはずです。このときのタスクを要素分解してみると、

環境：交通路・交通網
状態：（現在地から目的地までの）経路の地点
行動：交通手段による移動

となり、ここまで来れば人間よりも早く経路の探索をすることができるようになるでしょう。実際、世の中にあるこうしたサービスによって、私たちはかなり楽できています。

繰り返しになりますが、人工知能は課題に応じて適切に選択すべきです。もし、ぱっと知識やタスクが書き下せそうな課題があったとしたら、それはこの推論・探索で解くべきものと言えるでしょう。

博識な人工知能 — 第2次ブーム

推論・探索のアプローチは、結局は活用できる範囲こそ限定的になってしまいましたが、一方で、明確に言えることがひとつ得られました。それは、「知識を得た人工知能は賢くなる」ということです。知識をインプットできさえすれば、その人工知能は人間以上のパフォーマンスを発揮し得るものとなります。

そうすると、では事前に大量の知識をインプットしておけばいいのでは、という発想が出てくるのが自然の流れです。「一を聞いて十を知る」存在ではなくて、「もとから何でも知っている」存在をつくってしまえばいいじゃないか、ということですね。そして、この考えに沿って進められたのが、**知識表現**によるアプローチです。

1980年代に迎えた第2次人工知能ブームは、この知識表現によってもたらされました。その端を発したのが、**MYCIN**（マイシン）と呼ばれる医療診断システムです。

MYCINは、1970年代にスタンフォード大学で開発されました。ユーザー（医師）は、MYCINから聞かれるいくつかの質問に「はい」か「いいえ」で答えるだけで、患者の疾患が何の細菌によってもたらされているものなのか、回答を得ることができます。

この質問・回答のやりとりに活かされているのが、細菌感染に関する知識となります。ＭＹＣＩＮには５００ほどの知識がインプットされており、例えば、知識のひとつとして次のようなものがあります。

①グラム陽性を示す
②形状が球形
③凝集反応をする
①②③を満たすならば、
その細菌は70%の確率でブドウ球菌

この①②③を順々に聞いていけば、まさしく対話によって診断が得られる、という体験がつくりだせるようになります。実際には知識は約５００と複数あるので、どういった順番でユーザーに質問していけばいいのかは人工知能に考えてもらう必要がありますが、ここで使われているのは比較的シンプルな推論になります。

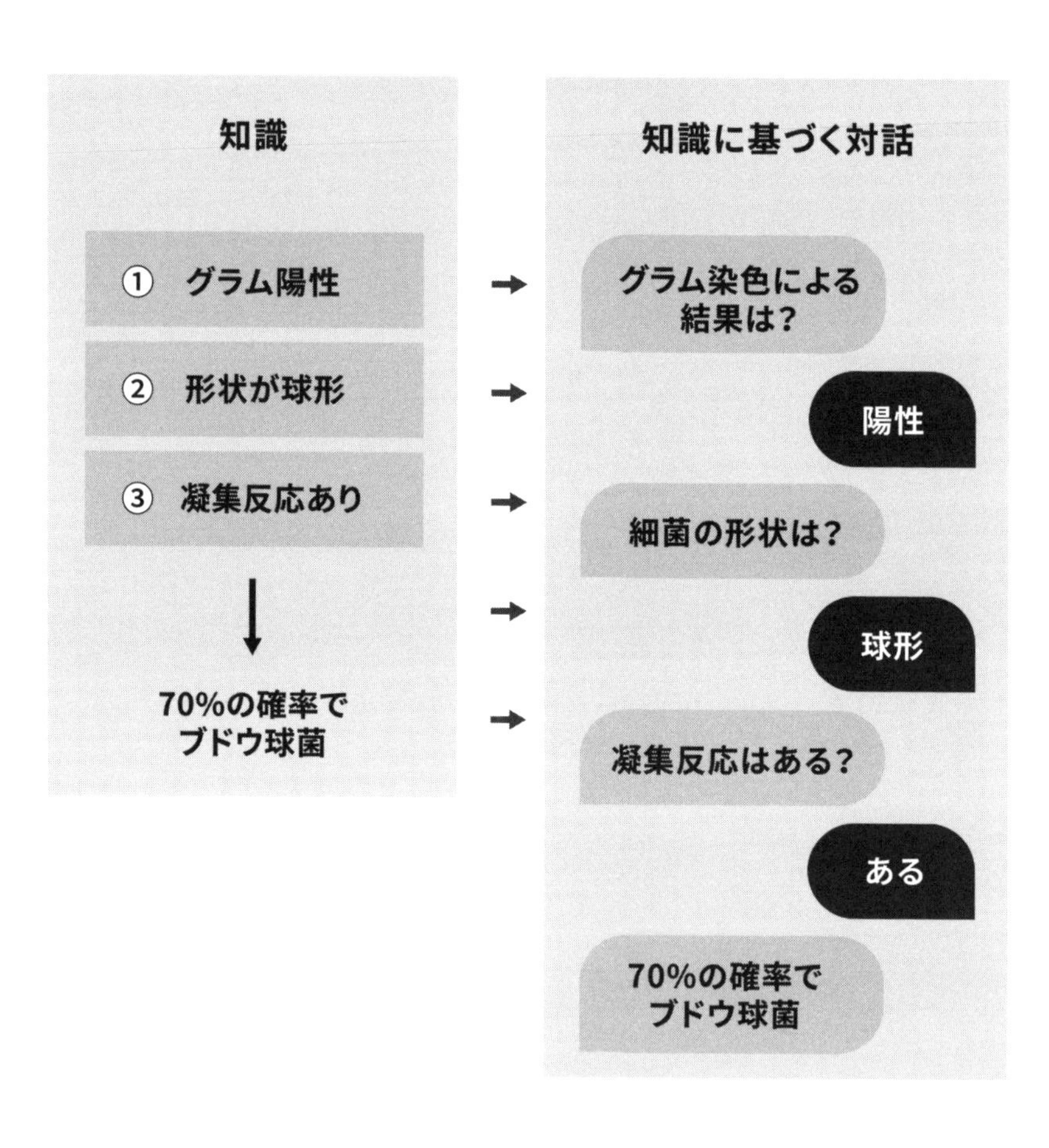
MYCINによる診断例
知識
① グラム陽性
② 形状が球形
③ 凝集反応あり
70%の確率で
ブドウ球菌
知識に基づく対話
グラム染色による
結果は？
陽性
細菌の形状は？
球形
凝集反応はある？
ある
70%の確率で
ブドウ球菌

実は、「機械に診断される」という抵抗感が強かったためか、はたまた単純に法律面が整っていなかったためか、ＭＹＣＩＮが実際の現場で使われることはありませんでした。しかし、ＭＹＣＩＮによる診断の性能自体は、専門医よりは劣るものの、医師全体と比較すると優れている、という結果が得られていました。

こうした、特定の専門分野の知識を十分に得ることで、あたかもその分野の専門家のような振る舞いをすることができる（推論をすることができる）システムのことを**エキスパートシステム**と言います。第２次ブームでは、このエキスパートシステムをより汎用的にすることはできないだろうかと、大量の予算が投入されました。まさしく、特化型人工知能から汎用人工知能の実現を目指したことになります。

第２次ブームの取り組みの中でも、**Cyc**（サイク）というプロジェクトは特に有名です。１９８４年に開始されたＣｙｃの目標は、あらゆる一般常識をデータベース化することで、人間と同等の知能を実現しよう、というもの。つまりは、前述した「ものとから何でも知っている」存在を目指しています。

あいまいな知識は人間だけのもの

Ｃｙｃにおける知識表現のアプローチの基本は、世の中のすべてを「概念（モノ・コト）」およびその「関係性」で記述する、というものです。例えば、「犬」はＣｙｃでは **#$Dog** と書きます。そしてすべての「犬」は「哺乳類」という関係性がありますが、これは **#$genls #Dog #Mammal** と表されます。

独特な表記方法をしますが、この書き方のルール自体はさして重要ではありません。機械（システム）が解釈できるような形になってさえいれば、その中身は何でも構いません。それよりも重要なのは、実は何気なく書いた「概念」と「関係性」についてです。というのも、よくよく考えてみると、これらを厳密に表現するのは非常に難しいことに気づかされるからです。

突然ですが、まるい大きなショートケーキを思い浮かべてください。とろけるような白いクリームに、赤いイチゴがたくさん乗っかっています（想像するだけでお腹が空いてきます）。早速食べようと、そこから一片をカットしました。さて、このとき、カットされたほうも、カットしてできた一片のほうも、どちらもケーキですよね。何も問題ないどころか、ただおいしいだけの話に思えます。

　では、次に、残念ながら社内で採用されなかった企画書を思い浮かべてください（こちらはあまり想像したくありません）。怒ったあなたは、企画書をまっぷたつに破いてしまいました。この場合は…もはやどちらも企画書とは呼べなくなってしまいますよね。どちらも、ただの「紙切れ」と化しています。

　この2つの例から見て取れるように、ひと口に「概念」とその「関係性」と言っても、それは決して一意には定まらないことが分かります。人間は、特に難しいことをするでもなくこうした世の中のつくりを理解できていますが、それを機械にも理解させようとすると、途端に難易度が上がります。

　というのも、人工知能はあくまでも人間にプログラムされたもの。すなわち、一般的なアプリケーションやソフトウェアと同じように、知識も厳密な仕様に基づいて開発されなければならないからです。

　「概念」とその「関係性」を厳密に仕様に落とし込む ―実は、この仕様のことを専門用語では **オントロジー** と呼び、大きな研究テーマのひとつとなっています。「概念体系」とも言ったりしますが、まさしく知識はオントロジーによって体系化されることになります。

ＭＹＣＩＮのような特定分野のエキスパートシステムならば、対象とする領域が限定されている、すなわち必要となる知識が限定されているので、体系化するのもそこまで難しくはないでしょう。しかし、Ｃｙｃのように一般常識をすべて体系化しようとすると、もはやそれは不可能なレベルと言っても過言ではありません。

実際、Ｃｙｃプロジェクトはなんと30年以上経つ現在もまだ続いています。あらゆる概念を知っているいわば「全知全能」の存在をつくり出そうというその姿は、さながら「現代版バベルの塔」と言えるかもしれません。

知識だけで知能はできない

知識を増やそうとすると、それに伴って考えるべき関係性のパターンも飛躍的に増えていく。つまり、はじめは役に立っていたエキスパートシステムも、対応できる分野を拡大しようとすると、オントロジーの問題で途端に人の手には負えなくなってしまう　──そうした課題を抱えていたために、知識表現によるアプローチに暗雲が立ち込め始めました。

知識を増やすことによる弊害は、別の視点からも指摘されました。それは、知識を得た人工知能は、目の前に課題が与えられたときに「どの知識を使うべきなのか、自ら見つけることができない」という問題です。

例えば、新人だったときのあなたが、「この資料、コピーとっといて」と上司に言われたとしましょう。「コピーをとる」という単純な仕事を与えられたあなたは、(面倒くさいな、と内心思いながら) 特段考え込むこともなく、ただコピー機に向かい、資料のコピーを終えるでしょう。

さて、面倒くさい、という言葉が出てきたということは、人工知能の出番です。仮に、Cycくらい大量の知識がインプットされた人工知能をつくり上げることができたとしましょう。早速、あなたは自分の代わりに仕事をやってもらおうと、「コピーとっといて」と命じました。タスクを命じられた人工知能は、先ほどのあなたと同様、ただコピー機に向かって、コピーをとる…と思いきや、人工知能は何をすることもなく、その場で止まってしまいました。いったいなぜでしょうか?

これは、タスクが与えられたときに、「何がそのタスクと関連する知識なのか」を判別しなくてはならないことに起因します。

あなたは「コピーをとる」というタスクを達成するとき、おそらくそれとはまったく関係のないこと ― 床が抜け落ちてしまうとか、楽しみにしていたデートの予定が急にキャンセルされてしまうとか ― が起きる可能性について考えることはありませんよね。特に何を意識するでもなく、与えられたタスクに関連する知識のみが抽出され、その枠組みの中で思考をしているはずです。

一方、人工知能はどういう思考をするかと言うと、この「無関係なものは何か」を考えるために、自分の中にある知識をすべて探索してしまいます。その結果、知識が多ければ多いほど、探索すべき事項が無限に増えていき、決して動き出すことなく、その場で止まってしまう（思考し続ける）といったことが起こります。無関係なことを無視して早くタスクを達成したいのに、それを考える時間が増えていってしまうというジレンマを抱えてしまうわけです。

人間は、目の前のタスクとは関係のない「その他大勢」のことについては頭を向けることなくタスクを達成できるが、知識を蓄えた人工知能にはそれができない。つまり、機械はどんなに賢くなっても探索すべき範囲（フレーム）を自分で定義できない ― この問題のことを、**フレーム問題**と言い、知識表現のアプローチに大きく歯止めをかけました。

説明が長くなってしまいましたが、ここまでの話をまとめると、知識表現における問題は下記の2点にまとまります。

- **知識を大量に記述していくのは難しい**
- **知識を大量に記述すると、そこから必要な知識だけを取り出すのは難しい**

そこに、更にとどめを刺した問題がもうひとつあります。それは、機械に与えた知識は、本当に「知識」として機械に蓄えられているのか、というものです。何やら哲学めいた言い回しになってしまいましたが、つまりは、知識表現によって表された知識は、果たしてその意味まで機械に理解されているのか、という問題になります。

MYCINにせよ、Cycにせよ、機械に解釈できるよう「仕様」という形で知識の書式を決めていますが、これはすなわち、機械は知識をあくまでも記号として処理している、ということになります。うまく知識を体系化し、うまく推論したとしても、それは所詮、記号の操作で導かれた結果にしかすぎず、記号の意味までを分かって得られたものではない、ということです。

これを端的に表す有名な例が「シマウマ」です。もし仮に、あなたがシマウマを見たことがなかったとしましょう。でも、もしそうだとしても「シマウマは馬に縞がある動物だよ」と教えられれば、シマウマをひと目見ただけで、それが「シマウマ」だとあなたには分かるはずです。これは「馬」と「縞」という言葉（記号）に対して、それぞれが実社会で持つ意味を理解しているため、「シマウマ＝馬＋縞」という意味も瞬時に理解できるためです。

一方、機械にはこれができません。「シマウマ＝馬＋縞」という知識だけを与えても、それを記号としてしか処理できないので、目の前にシマウマが来たとしても、それがシマウマだと自ら認識することはないのです。

この問題のことを **シンボルグラウンディング問題** と言います。記号（シンボル）を、その意味と結びつける（グラウンドさせる）ことができないことを表していますが、これは「知識表現によるアプローチでそもそも知能は実現できるのか？」という、根幹を揺るがす問題です。結局、知識表現には多くの課題が残される結果となってしまいました。

・知識を大量に記述していくのは難しい
・知識を大量に記述すると、そこから必要な知識だけを取り出すのは難しい
・そもそも、知識を大量に記述する意味はあるのか？

知識を与えることによってエキスパートのように振る舞わせることはできても、所詮は記号の操作で導かれた結果にしかすぎず、知能を得ることはない ―こうして、人工知能のブームはまた急速に冷めていき、再び冬の時代が訪れてしまったのです。

ただし、今回も知能の実現には程遠いものとなりましたが、産業・ビジネスにおいては成果が得られる可能性がある分野はたくさんあると言えるでしょう。（記号としての）知識を入れると、自動で受け答えができるシステムが実現できることはＭＹＣＩＮが示しているので、例えばコールセンターをある程度自動化することはできるはずです。よくある質問と、それに対する回答をまとめておけば、自動問答シナリオが知識としてできあがるので、ユーザーに番号ボタンで答えてもらう仕組みにしておけば、自動コールセンターの完成です。もし知識にない質問が来てしまったら、そのときだけ人につなげば、かなりオペレーションを効率化できるでしょう（ですので、厳

密には「半」自動コールセンターですね）。

最近、チャットによるQ&Aシステムを採用する企業が増えてきているのは、電話よりもチャットのほうが開発費や運用費も抑えられますし、ユーザーもチャットのほうが（いちいち電話番号ボタンを押すより）やりとりしやすいからかもしれません。これがいわゆるチャット「ボット」ですね。聞かれたことに対して、意味は分からないまま該当する知識を返すこの存在は、人工知能ではなく「人工無脳」と揶揄されたりもしますが、これもまた、課題に応じて適切に選んでいるのであれば、きちんと人工知能としての役割を果たすはずです。

1.4 人間が頑張るから機械が学習するへ

推論・探索によるアプローチと、知識表現によるアプローチ。いずれも、ビジネスに応用できますし、実際に応用されているシーンはたくさんありますが、いまひとつ「これはすごい！」というワクワク感がないと思ってしまうのは、きっと私だけじゃなく、あなたもそうなはず。

おそらく、これらの技術を使って実際にプロジェクトを進めることを具体的にイメージすればするほど、そのネガティブな思いは強くなってくるはずです。というのも、実はこれらの技術を使ったところで、楽ができないどころか、かなり大変な作業が待ち構えていることが分かってしまうからです。

いずれのアプローチも、結局は人間が「ものすごく」頑張らなくてはなりません。人間が探索すべき解空間を定義する必要がありますし、人間が大量の知識を記述しなくてはならない限り、どうあがいてもその大変な作業からは逃げられません。そして、その大変さは、人工知能にやってもらいたいことの数に比例して、どんどん増えていきます。人工知能で楽したい！　と言いつつ、人間が人工知能のために頑張る羽目になってしまうのならば、それこそ本末転倒です。

この問題の本質はどこにあると言えるでしょうか？　それは、「未知の問題に対して、機械がどう対処するかを定義できていなかったから」に他なりません。知らない問題に出会ったとき、どこを探索すればいいのか分からない。自分の知識にないものは答えようがない。そういった課題がこれまでのアプローチには内在していたので、未知の問題に遭遇する度に、また新しく人間が機械にインプットしなくてはならなかったことになります。

一方、その人間自身はどうかと言うと、未知の問題に出会ったら、そこで頭が真っ白になり思考停止…するのではなく、これまでの経験から、なんとか答えを導き出そうと考えますよね。例えば、経験したことのない仕事は次から次へとやってくる思いますが、そんなとき、あなたはきっと、これまでの経験からどうすればその仕事をうまくいかせることができるかどうか、常に考えているはずです（やったことがないからできません、なんてことはきっと言わない）。

つまり、人間は過去の経験から学び、それを未来に活かしているわけです。では、これを機械でも同じようにできたら、すなわち機械にも「学ぶ」ということができるようになったら、それは人間がかなり楽できる人工知能になるのではないかと考えられないでしょうか？

こうした背景から生まれたのが **機械学習** です。機械が学習するから、機械学習。非常に明快です。一方で、学習する機械を実現するためには、そもそも人間がどう学

習しているのか、すなわち人間はどのように世界や社会をとらえているのかを、見つめ直す必要があります。

学習とは、パターンに分けること

さて、学習する機械をつくる第一歩として、あなたなら世の中をどう表現するでしょうか？　これまたなかなか哲学的な質問に聞こえるかもしれませんが、私ならこう答えます。

「世の中はすべてパターンである」と。

人間は、見たもの、聞いたものなど世の中のすべてに対して、無意識にパターンを見い出しています。例えば、まさに今あなたが読んでいるこの文字。これも、それぞれの文字の「形」をパターンとして認識しているから読めるわけですね。

あなたの周りを見渡してみましょう。何があるでしょうか？　机？　イス？　たくさんのものがあるかと思いますが、いずれも、頭の中では「この形をしているものは、これまでの経験上イスと呼ばれるものに違いない。ゆえにこれはイスだ」といった思考が行われることによって、判別できていることになります。

もちろん、そんなことをいちいち意識することはないでしょうが、一方で、先ほどの仕事の話のように、過去の経験から、意識的にどれが使えそうか考えなくてはならないケースもあります。この場合は、「過去の経験」がいわゆるパターンとなります。

つまり、学習とは「パターンに分ける」こと。人間が意識的あるいは無意識的に見い出しているパターンを機械に学習させることによって、未知の問題に対して、機械が自力で（学習した中の）どのパターンに該当しそうなのかを見分けられるようにすることが、機械学習のアプローチです。

パターンに分けるとは、知識を身につけること

ここでひとつ、注意してほしいことがあります。それは、世の中はすべてパターンである、ということに間違いはありませんが、一方で、そのパターンを認知できてい

るかはまた別の問題であるということです。例えば、先ほど文字もパターンであるということを書きましたが、そうだと言われるまでは気づかなかったのではないでしょうか。

もう少しイメージしやすい例を考えてみます。ベテランの医師は、患者のＣＴ画像を見ただけで、その患者がガンであるかガンでないかをかなりの精度で見分けることができるでしょう。しかし、私のような一般人にとっては、どこをどう見ればそれが見分けられるのか、さっぱり分かりません。医師には明確に区別ができていますから、そこには何かしらのパターンがあるはずですが、それを認識できるかどうかはその人次第、ということになります。

機械にとっても、それは同じです。何をもとに、何をパターンとして見い出すのかをきちんと定義してやらなければなりません。どこを見ればいいのか分からないならば、学習のしようがないからです。機械に読み込める形（データ）で、パターンを学習させる必要があります。

ただし、勘違いしないでほしいのは、機械学習は知識表現とは違い、細かな知識をすべて記述する必要はない、ということです。簡単な例として、例えば前出のＭＹＣＩＮでは、知識のひとつに次のようなものがありました。

①グラム陽性を示す
②形状が球形
③凝集反応をする
①②③を満たすならば、
その細菌は70％の確率でブドウ球菌

これは、人間が頑張ってたくさんの細菌を観察した結果、人間がパターンを発見し、それを知識として機械にインプットしたものです。

一方、機械学習では、人間が行った「観察してパターンを見つける」という部分を、代わりに機械にやってもらいます。例えば次のようなデータがたくさんあったら、それをそのまま機械学習の手法に当て込んでやるだけで、どういった組み合わせ（パターン）を持つ細菌がブドウ球菌になり得るのか、自動でその確率を求めてくれるようになります。人間がすべてのデータを細かく見て、確率を計算する必要はありません。

機械学習に用いるデータの例

グラム染色の結果	形状	凝集反応	ブドウ球菌である
陽	球	有	はい
陰	棒	無	いいえ
陽	球	有	はい
陽	球	有	いいえ

⋮

これだけだと単純すぎて、大したことをやっているようには見えないかもしれません。しかし、よくよく考えてみると、ブドウ球菌（というパターン）を判別するのに必要だと分かった3つの要素（グラム染色の結果・形状・凝集反応）が得られるまでには、他にも色々な特徴を調べていたはずです。さぞかし大変な労力がかかったことでしょう。

機械学習では、この関係ありそうな特徴を全部まとめてデータとして扱ってしまうことで、その中からパターンを見つけ出してくれます。例えば、細菌の大きさや色がどうも関係ありそうだぞ、と思ったら、次ページのように最初からそれらも含めたデータを機械学習の手法に入力します。

機械学習に用いるデータの例

グラム染色の結果	形状	凝集反応	大きさ	色	ブドウ球菌である
陽	球	有	0.9	黄	はい
陰	棒	無	0.7	緑	いいえ
陽	球	有	1.0	白	はい
陽	球	有	0.9	緑	いいえ

⋮

ここで用いる入力の種類のことを **特徴量** と言います。特徴量の数は例では5つですが、これくらいなら、人間でもなんとかパターンを見つけ出せるかもしれません（この例だと、大きさ以外の4つを合わせて見ればよさそう）。しかし、これ以上特徴量を増やしてしまうと、もはやそこから人間がパターンを見つけるのは至難の業でしょう。

それに対し、機械学習では、特徴量の数は10でも100でも、もっと多くても構いません。人間には見きれないくらいの量を用意しても、機械学習にとってはパターンの判別材料が増えるため、むしろありがたいくらいです。

つまり、先ほど、「何をもとに、何をパターンとして見い出すのかをきちんと定義してやらなければならない」と書きましたが、より厳密には、何をパターンとして見い出したいのか、ということになります。人間が厳密にパターンを見つけ出している必要はなく、「もしかしたらここにはパターンがあるかも」くらいのものを機械学習で試してみるというのも、よい選択肢のひとつです。

そして、もしデータから学習することによってパターンを見つけられたならば、それは機械が自分で知識を身につけた、ということに他なりません。

学習する人工知能―第3次ブーム

なかなかよさそうなアプローチに見える機械学習ですが、実は、「パターンに分けられる機械をつくる」というアイデア自体は、第1次人工知能ブームのときからすでに考えられており、実際にいくつかの手法が研究されてはいました。しかし、研究がはじまってしばらくの間は、そこまで目立った成果が挙げられていなかったというのが現実です。

これには2つ、大きな理由があります。

・データが足りない
・データを処理する能力が足りない

人間は、これまで生きてきた中で、膨大なパターンを頭の中に蓄積しています。これを機械で実現するには、それに相当するデータのかたまりが必要です。しかし、まだまだコンピュータが発展途上だった時代、大量のデータを気軽にやりとりする方法はありませんでした。今でこそUSBメモリで（あるいは、オンラインでさえも）簡単に何ギガものデータを移行できますが、フロッピーディスクが開発されたのが1970年代、コンパクトディスク（CD）が開発されたのが1980年代と、実は記録媒体の歴史は意外と浅いのです。そのため、研究者は実験に必要なデータを自前で準備するしかなく、そこに膨大な時間をとられてしまう、あるいはそもそもデータをつくることができないといったことが原因で、なかなか研究が進みませんでした。

更に、もしデータが手元にあったとしても、コンピュータの性能が足りないせいで、ひとつの実験をするのに多大な時間がかかってしまう、という問題も追い打ちをかけました。基本的な理論は以前から考えられていましたが、それを実行してみるのにいちいち時間がかかっていては、応用まで行き着くことができません。そのため、実用化というフェーズにはしばらくいたらなかったのです。

しかし、これらの問題は時代の流れによって大きく解決の方向に向かいました。コンピュータの性能は年々飛躍的に向上していきましたし、扱えるデータ容量も格段に増えました。そして、肝心のデータはと言うと、1990年代以降、ウェブが著しく発展したことによって、誰もがネットから大量のデータを入手できるようになりました。ちょうど、グーグル（Google）が設立されたのもこの時代ですね。

　こうして、多くの研究者がすばやく実験できるようになり、機械学習の手法が洗練されていきました。２０００年代に入ると、ビッグデータという概念が広がり始め、機械学習はさまざまなシーンで実用化されるようになりました。人工知能が第３次ブームを迎え始めたわけです。

　そして、２０１０年代に入り、このブームは一気に加速していきます。そのきっかけとなったのが、**深層学習**あるいは**ディープラーニング**と呼ばれる手法です。おそらく、この本を読んでいる多くの方は、どこかで一度はこの言葉を目にしているかと思います。ここまで人工知能という言葉が騒がれるようになったのも、深層学習が大きな成果を上げたからと言えるでしょう。

　もしかすると、ここでちょっと疑問に思われた方もいらっしゃるかもしれません。なぜ、機械学習と深層学習が同じブームでまとめられているんだ、と。

　実は、よく勘違いされがちなのですが、この2つは別々の技術なのではなく、包含関係にあります。つまり、こういうことです。

機械学習というカテゴリの中のひとつに深層学習がある、という関係となっています。ですので、機械学習がどのような流れで実際のプロジェクトに適用されるのかを理解すれば、それは同時に深層学習での流れも理解できたことになります。

機械学習は、データからパターンに分ける手法だと書きました。では、どのようにパターンに分ければいいのか（そもそも分けられるのか）、そのアプローチはさまざまで、その数だけ、機械学習の手法が存在しています。深層学習も、あくまでもそのアプローチのひとつにすぎません。しかし、そのアプローチによって、機械学習の中でも、ずば抜けてパターンを見抜くことができるようになったわけです。

ただし、深層学習以外の手法も、十分すぎるくらい、ビジネスの課題に対して成果を発揮します。推論・探索や知識表現が活用できる・できない課題がさまざまであったように、機械学習のいずれの手法も、向き・不向きな課題があります。「万能な手法はない」ということだけ、しっかりと意識するようにしておきましょう。（残念ながら）強い人工知能は、まだ実現できていないのです。

いずれにせよ、まずは機械学習をどのように活用していけばいいのか、しっかりと理解しておく必要があります。機械学習の実用化によって、これまでのブームに比べて、実現できることは格段に増えました。次の②実用編で、機械学習についてより詳しく、そしてビジネス課題への適用の流れについて見ていくことにしましょう。

2
実用編

機械学習：問題を整理し解決する

一般論をいくら並べても
人はどこにも行けない。

（村上春樹）

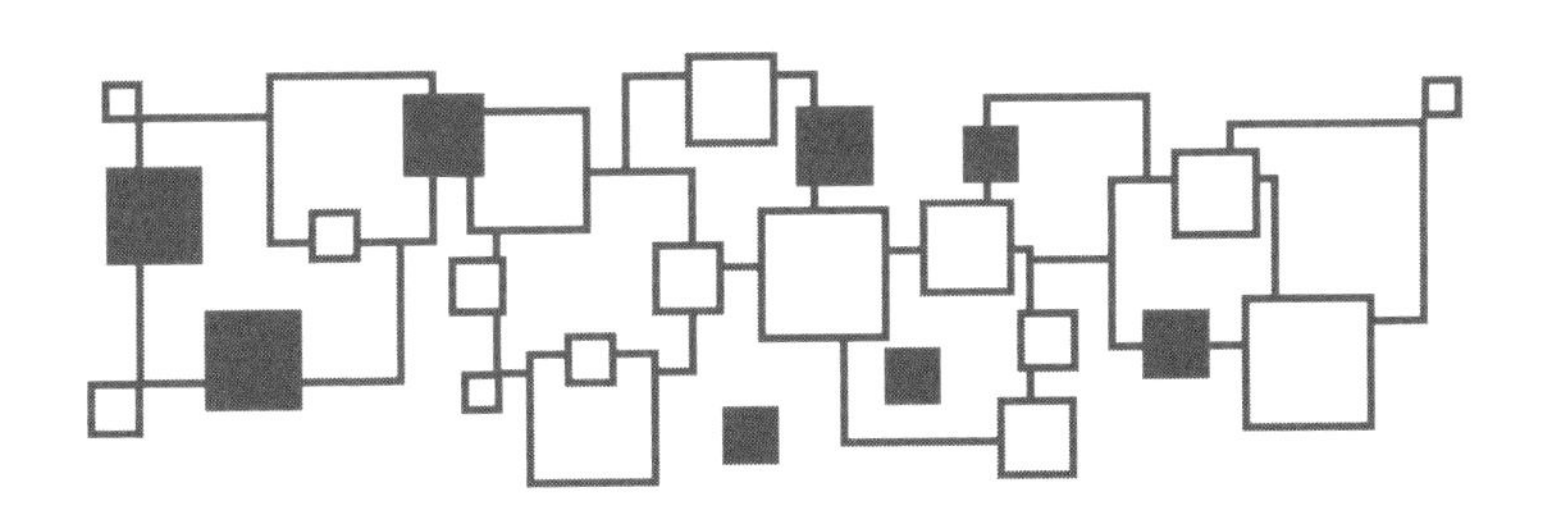

2.1 問題を整理する

人工知能に種類があること、そしてこれまでの人工知能のブームの手法について知っただけでも、あなたは上司の「人工知能でなんかプロジェクトやってよ」という禁忌の言葉に対して、幾分余裕をもって受け答えられるようになったことと思います。どうやら機械学習を使えば、うまく成果が出せそうな気がしてきました。でも、まだ実用的な機械学習についてはイメージがついていませんよね。ということで、あなたの成功への道もイメージがつくよう、機械学習をどう使っていけばいいかに目を向けていくことにしましょう。

では、機械学習はいったい何をやっているのか。まずはここをもう少しだけ掘り下げてみることにしましょう。世の中はすべてパターンであると書きましたが、あなたはそのパターンをどのように認識しているでしょうか？　おそらく、ほとんどの場合で、それを明確に言語化することはできないかと思います。

一方、機械の世の中の見方は明確です。それがどんなパターンであろうと、機械はこう見ています。

$y = f(x)$

何かと言うと、関数です。げっ、と思った方もいらっしゃるかもしれませんが、安心してください。難しい話は出てきません。

まずはこの式、いったいどう読めばいいでしょうか？　この問いかけは、関数とは何なのか？　を聞いていることになりますが、（数学的な厳密さは置いておいて）ひとまず次のように答えておけばいいでしょう。

「xとyの間には、関数fの関係がある」と。

例えば関数f（fは関数の英語functionのf）の具体例として、$f(x)=x$という式が与えられたとしましょう。このとき、$y=f(x)=x$です。これを先ほどの言葉に当てはめると、

「xとyの間には、$y=x$の関係がある」

と読めるようになります。つまり、$x=1$ならば、$y=1$、$x=2$ならば$y=2$といったように、「xに値が与えられると、それと同じ値のyが得られる」というxとyの関係性が得られることになります。これは単純な例にすぎず、関数fの種類はそれこそ無数にありますが、大事なことは、「xが決まると、yも決まる」ということです。このように、関数と聞くと抵抗に思ってしまう方は、関数ではなくて「関係性」くらいに思っておけばいいでしょう。「xとyの間には、関係性fがある」と考えると、少しばかり物腰柔らかに見えてきました。

さて、なぜいきなり関数について話し始めたかというと、パターンを見つける、というのはまさしく関数が行っていることと同じだからです。例えば、CT画像からガンかどうかを見分けることを再び考えてみましょう。この場合、xがCT画像で、yがガンかどうかであるかになります。そして、yがどちらになるのかを言い表すものが、関数fとなります。ベテランの医師がx（CT画像）からy（ガンかどうか）見分けられるのであれば、まさしくxとyの間には何らかの関係性があることになり、それを表すものが関数fであるということです。

つまり、世の中はすべてパターンであると言いましたが、世の中はすべて$y=f(x)$であるとも言うことができます。ずいぶんと世界が数学っぽく感じられるようになり

ましたが、実際は、人間はいちいち頭の中に関数を思い浮かべたりはしないでしょう。一方で、機械にパターンを見つけさせるには、そのまま世の中を数学を通して見てもらったほうが、都合がよくなります。その理由として、次の2点が挙げられます。

・データはすべて数値化することができる
・パターンの判断が厳密である

機械が世の中を見るには、それがすべて（機械が解釈できる）データとなっていなくてはなりません。これはつまり、（機械の中はすべて0と1で表されていると言われるように）データとなっている時点でそれらはすべて数値化されている、ということになります。じゃあ例えば文字はいったいどこが数値なんだ、と思うかもしれませんが、機械の中では文字に番号がつけられており、それを人間が読めるよう文字（の画像）を見せているにすぎません。そして、画像も画素値とよく言われるように、数値化されている色のデータを並べて表示しているだけです。ですので、手元にあるデータは数値 x，y として扱うほうが、機械にとっては便利です。

そして、もうひとつ。機械にパターンを見つけてもらう場合、その都度、結果が変わったら嫌ですよね。例えば同じCT画像を与えたときに、あるときはガン、またあるときはガンでない、という結果が返ってきたら非常に困ります。ここで、パターンをy＝f(x)で表せたとすると、（fを変えない限りは）同じxに対しては、必ず同じyが返ってきます。世の中を数学でとらえることによって、パターンの判断基準が厳密に定まるので、人間のように迷ったりすることはなくなります。その結果、人間は安心して機械に任せることができ、楽をすることができるようになるわけです。

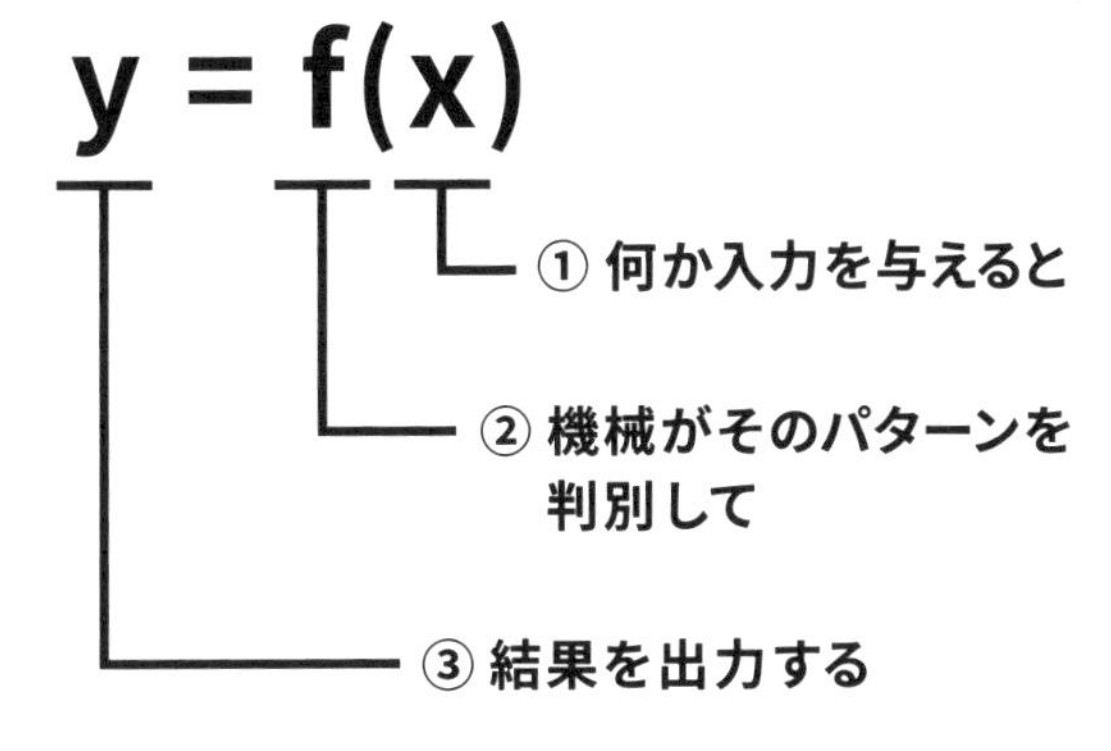

機械学習は、このｆを見つけ出すことを行っていることになります。データｘ，ｙをもとに、その関係性 ｆ を見つけ出し、未知のデータに対しても同じｆを当てはめることで、未知のデータにも対応できるようにしている―これが、機械学習によって実現されている知能に他なりません。

パターンに分けるアプローチはさまざまと書きましたが、それはつまり、どのようにｆを求めればいいか、数学的なアプローチがさまざまある、ということを表しています。受験で数学の問題を解くときなんかも、解法はひとつではない、なんて先生に口を酸っぱくして言われ続けましたよね。まさしく、単純でない世の中を関数で表す解法もひとつではないので、そのアプローチの数だけ、機械学習の手法があることになります。

課題のパターンを整理する

パターンという言葉をこれまで何度も出してきましたが、パターンとひと口に言っても、更にそのパターンもさまざまであることを忘れてはいけません。ビジネス上の課題も単純なものから複雑なものまで千差万別ですから、いったい自分は今何を解きたいのか、きちんと頭の中で整理しておく必要があります。

とは言うものの、逆の視点から考えると、機械学習が「どんなパターンを学習できるのか」によって、その課題が解けるのか解けないのかが決まってきますので、学習の種類を理解することが、課題の種類を理解することにもつながります。そして、ありがたいことに、機械学習の分野では、その学習の種類は体系的にまとめられています。具体的には、どのような課題を解きたいかによって、次ページのように大きく3つ、学習の手法が分かれています。それぞれ順に中身を見ていきますので、まずは名前だけ覚えてしまってください。

教師あり学習

ビジネスの課題に対して最もよく使われるのが**教師あり学習**でしょう。機械学習には教師「あり」学習と教師「なし」学習とがありますが、ここでいう教師とは、パターンに分けた結果のことを表しています。これまで、ガンであるかどうかや、文字の種類など、当然のようにパターンはあるものとして話を進めてきましたが、そもそもどういったパターンがあるのか分からず、パターンに分けられるのかも分からない課題にぶつかってしまうこともあるはずです。

（機械）学習の種類

教師あり学習
教師なし学習
強化学習

教師あり学習では、すでにどんなパターンがあるか分かっているデータを用いて、機械にそのパターンを認識させます。データは入力（x）と出力（y）のセットになっていて、この入出力（x，y）の間にある関係性であるfを見つけたい、というときに教師あり学習を用いることになります。機械からして見ると、どのようにパターンに分けられるのかあらかじめ教えてくれているので、教師あり、と呼ぶわけです。

例えば、これまでの売上（x）をもとに、来期の売上（y）を予測したいだとか、これまでのヒット商品の特徴（x）から、新商品が売れるかどうか（y）予測したいだとか、「何をもとに、何を知りたいのか」が明確になっている場合は、教師あり学習でそれが実現できないか、試していくことになります。

とはいえ、これはそのまま y＝f(x)という形になっているので、特別難しく考えることは何もありません。要は、「入出力の関係性を見たい」ときに用いるのが教師あり学習です。ビジネス的には、「原因（となりそうなもの）から結果を予測したい」というときに用いることになります。

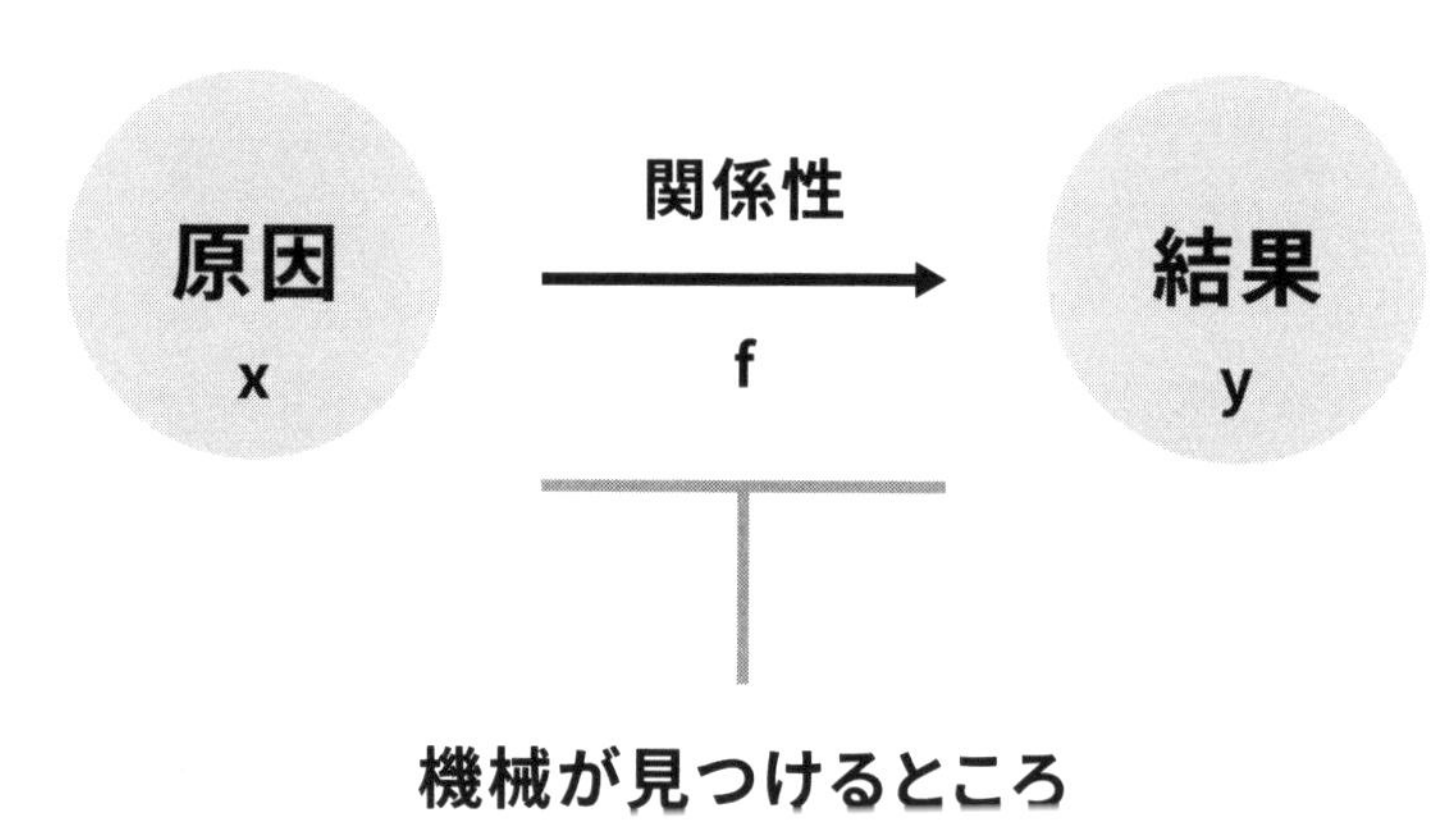
教師あり学習
原因
x
関係性
f
結果
y
機械が見つけるところ

教師なし学習

教師がない、すなわち事前に分かっているパターンがない場合に用いるのが教師なし学習です。こちらは、どんなパターンがあるのか分からないのだから、パターンを探し出してほしい、という場合に用いることになります。つまり、教師あり学習では（x，y）という組み合わせのデータをもとに関係性 f を見つけ出してもらいましたが、教師なし学習ではこの y がありません。手元にある x から、どのような y があるのかを見つけるのが教師なし学習と言えます。

例えば、ECサイトでは、それぞれのユーザーの購買履歴はすべてデータとして残っています。ただし、そのユーザーがどういった性格や好みを持っている人なのかは分かりません。一方で、例えば「高級品が好き」だとか、「流行品が好き」だとか、一般的な分類は世の中にあります。もし、手元にある購買データから、それぞれのユーザーをいくつかの購買パターンに分けることができれば、あとはこれらの分類に当てはめてやることで、それぞれに合った商品をお薦めすることができるはずです。

まさしく、ここが教師なし学習の使いどころです。ユーザーごとの購買データ（x）を、購買パターン（y）に分けるところを担ってくれます。ただし、ここで注意しなくてはならないのは、分けられたパターンがどういった意味を持っているかまでは機械にはできない、という点です。つまり、分けられたパターンが「高級品が好き」や「流行品が好き」であるかどうかは、人間が解釈しなくてはなりません。いくつのパターンに分けられそうかまでは機械が見つけ出してくれるのですが、それぞれのパターンに意味を与えるのは、人間の仕事というわけです。

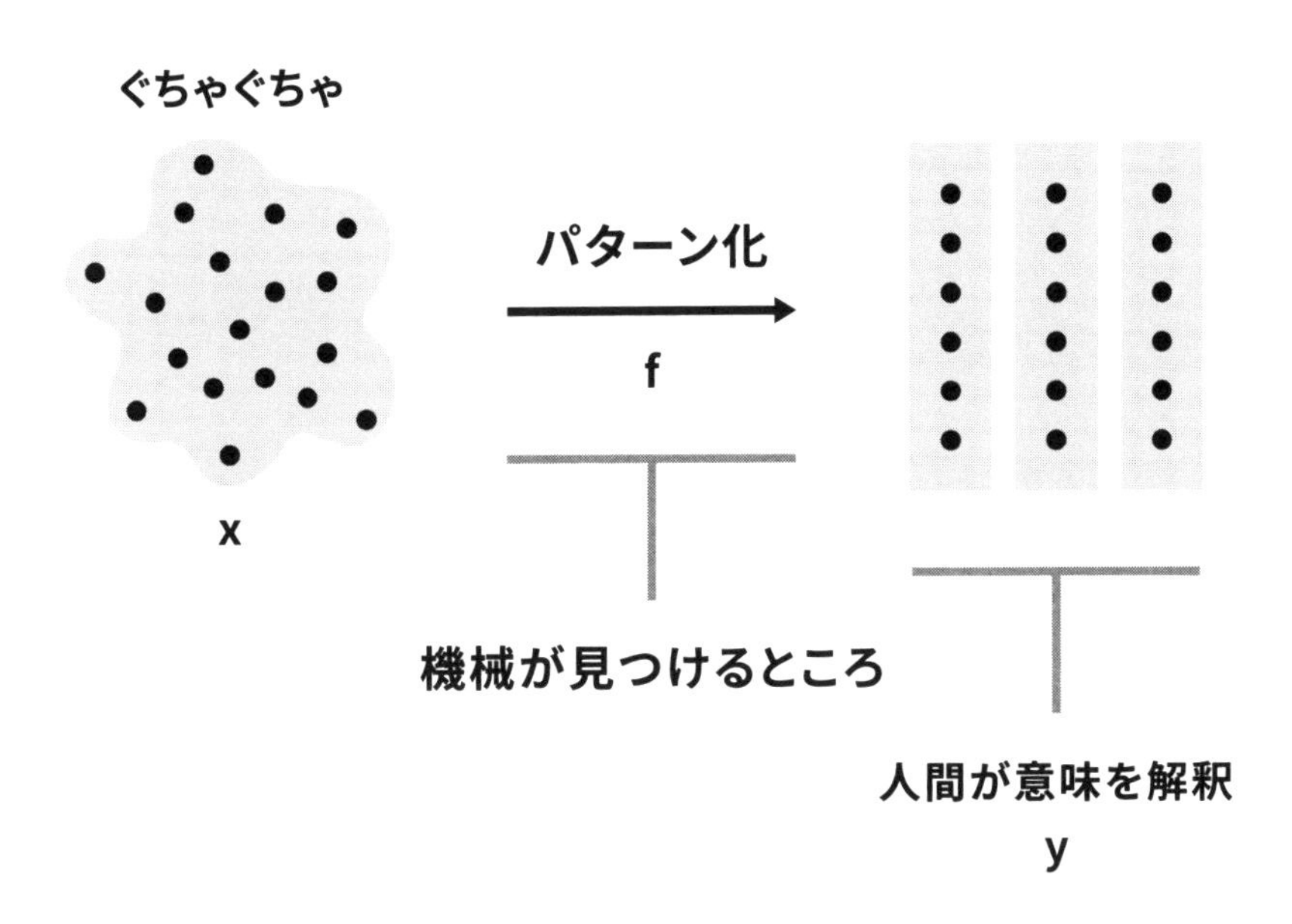
教師なし学習
ぐちゃぐちゃ
x
パターン化
f
機械が見つけるところ
人間が意味を解釈
y

とはいえ、こちらも購買データ（x）をもとに、購買パターン（y）との関係性（f）を見つける、という意味では間違いなくy＝f(x)という形になっています。要するにxをグループ分けしてくれるのが教師なし学習である、という理解で（ビジネス上は）構いません。このグループのことを、正確には**クラスター**と言います。クラスター分析、という言葉が機械学習の現場ではよく用いられます。

また、ECサイトと言えば「この商品を買った人はこちらの商品も…」というお薦め商品への誘導を思い出す方も多いかと思います。こちらは教師なし学習ではないので注意してください。では教師あり学習（や強化学習）なのかと言われると、そうでもありません。実はユーザーに何を推薦すべきかについては、**レコメンデーション**という大きな研究分野が存在しており、多くのアルゴリズムが開発されています。基本的な考え方は、「購買履歴が似ているユーザーを探す」というもので、たくさんのデータを用いて目的の値を見つける、という意味では機械学習と同じです。しかし、レコメンデーションは3つの分類のどれにも属さないので、「広義の機械学習」ということになるでしょう。レコメンデーションはこれまたビジネスへの応用が深い分野ですので、後述することにします。

強化学習

教師あり・なし学習とはまた異なったアプローチをとるのが **強化学習** です。基本的な考え方としては、「与えられた環境で、ある状態にあるときに、どのような行動を取ればばいいのか」を学習する手法になります。記憶力のいいあなたは、ここで「おや？どこかで見覚えがあるぞ」と思ったことでしょう。そう、実はこれ、推論・探索のときにもまったく同じ言葉で説明していました。ちょうどオセロの例の話をしたときです。

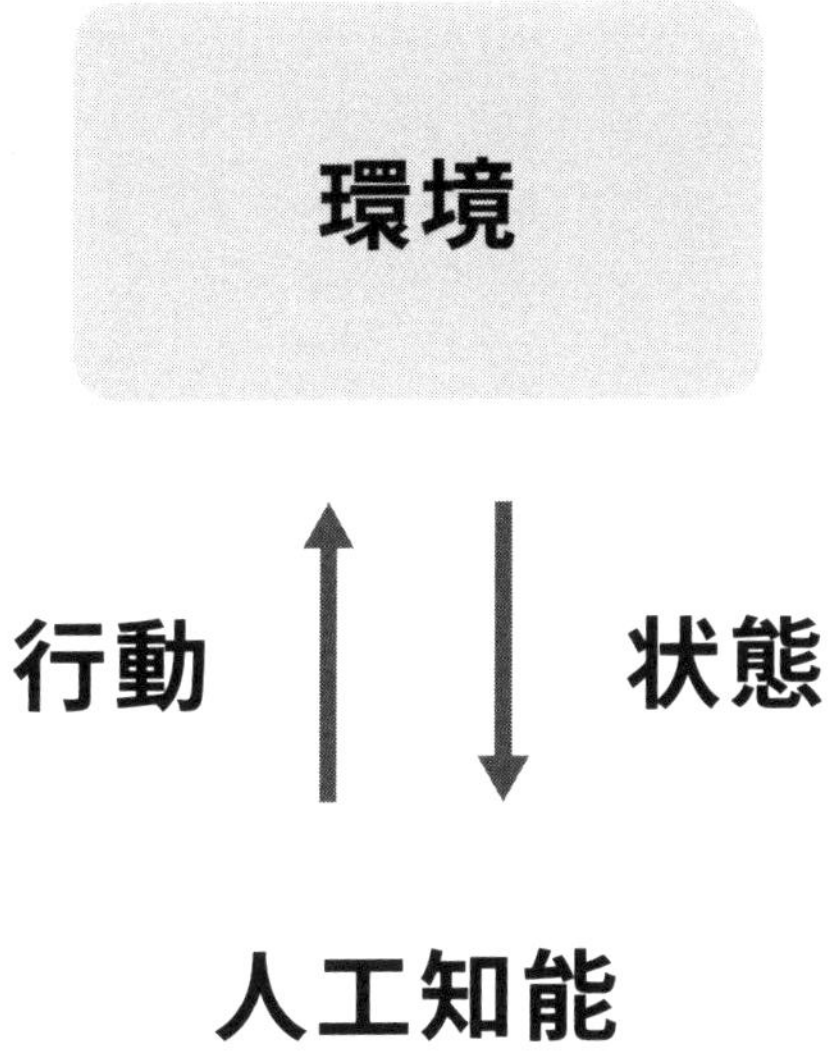

では、強化学習はいったい何が違うのかと言うと、機械学習の特徴である「知識を自分で身につける」ところです。推論・探索のときは、相手（人間）がどのようなコマのとりかたをするのか、つまりどのように戦えばいいのかに関する知識を人間が与えていました。それに対し、強化学習ではこれも自分で学んでいきます。

自分の行動によって最終的に勝ち負けが決まるわけなので、結果からさかのぼっていくと、その時々の行動がよい選択だったのかは評価できるはずです。強化学習では、この一連の行動の最後に得られる結果を **報酬** として定義し、ある時点での行動に対しての報酬がどれくらいになるのかを（数学的に）求めることで、学習をうまく進めます。報酬という専門用語ではありますが、要は行動に対する得点・スコアだと思ってもらえれば問題ありません。つまり、自分の行動がどれくらい「よい」のかを、自ら評価できるようになる、ということになります（その分、何回も対局を繰り返さないと学習ができません）。自分が今どういった状態にあるのか、については依然として明確に定義できなくてはなりませんが、行動の評価を機械が自分でできるようになる、というのは大きな進歩と言えるでしょう。

強化学習はその性質から、自動運転やロボットの自律歩行など、機械が自分で動作を獲得する分野に応用されています。「無事故・無違反で運転することができた（できそうだった）」「転倒しないで歩くことができた（できそうだった）」行動をもとに学習を行い、徐々に理想の動きができるようになっていきます。

強化学習は教師あり学習と混同されることも多いです。しかし、教師あり学習のように明確なパターンが提示されない点で、教師あり学習とは異なります。また、強化学習では「一連の」行動の結果に対して報酬が与えられるという点も大きな違いです。一方で、自分の状態・行動（x）から、その価値（y）がどれくらいになるかの関係性を見つけ出すので、強化学習もまた y = f(x) となっていると言うことができるでしょう。

強化学習

環境

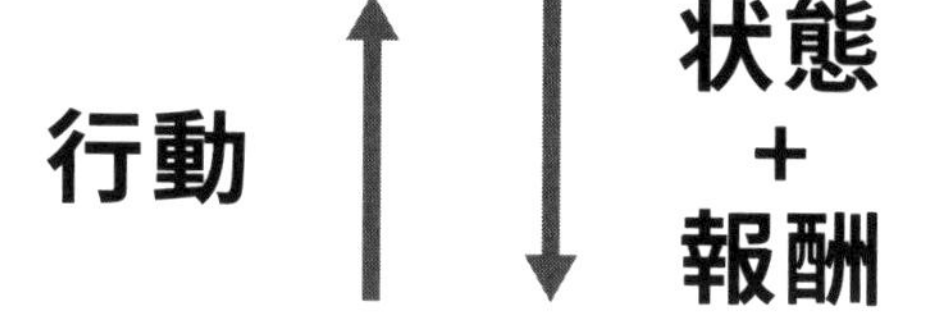

人工知能

課題設定を整理する

教師あり学習・教師なし学習・強化学習とそれぞれ見てきました。ここで大事なことは、この中に優劣はなく、あくまでも目的によって使う手法が異なるだけ、ということです。

とはいえ、まだ聞いたばかりのこれらの手法、すべていきなり使いこなすのもなかなか大変なことです。そんなときは、まずは「教師あり学習」のことだけを考えるようにしてみるといいかもしれません。繰り返しになりますが、教師あり学習は「原因（となりそうなもの）から結果を予測したい」という問題を解くための手法です。おそらく多くのビジネス課題は、教師あり学習によって解決できる問題に落とし込むことができるはずです。

具体的なイメージを持つために、まずは簡単な例を考えてみましょう。ビジネス「課題」ではなく、ビジネスを取り巻く経済指標である「日経平均株価がどうなるか予測してみたい」という問題を考えてみることにします。

課題：日経平均株価がどうなるかを予測する

これを教師あり学習（機械学習）の問題に落とし込むには、あいまいな部分をなくさなくてはなりません。機械学習も、名前のとおり機械が問題を解釈するので、厳密に仕様という形になっていなくてはならないからです。まずは、見るからに適当に書かれている「どうなるか」からあいまいさをなくします。株価がどうなるか、というのはすなわちどう値動きするかと解釈できるので、株価が「上がるのか下がるのか」を予測する問題に読み替えていいでしょう。

課題：日経平均株価が上がるのか下がるのかを予測する

文章としては明確になりましたが、まだあいまいさが残っています。「いつ」株価が上下するのかがまだはっきりしていません。これに関しては、今回はいつの時点が知りたいのかという目的がないので自由に設定して構わないのですが、ここでは「明日」としておきましょう。

課題：明日の日経平均株価が上がるのか下がるのかを予測する

これであいまいさがなくなったので、教師あり学習の問題として考えることができるようになりました。さて、教師あり学習では入力（原因：x）と出力（結果：y）からその関係性をうまく見つける手法でした。学習には入出力（x，y）が必要になるわけですが、それぞれいったい何が該当するでしょうか？

まず、出力yは簡単に分かるでしょう。予測の結果がyですので、株価が「上がる」のか「下がる」のかがこれに該当します（もしくは「変わらない」というのももちろんあり得ます）。では入力xはどうなるかと言うと、ここは自分で少し考えなくてはなりません。株価の上がり下がりの原因となりそうなものは何かを挙げていくことになります。明日の株価は、今日までの株価の動きに影響を受けるでしょうから、この情報は必要になるでしょう。また、日経平均株価はよくNYダウ平均株価の値動きや、円高や円安といった為替情報にも影響を受けると言われていますので、これらも必要かもしれません。というわけで、これらをまとめると、入出力は次のようになります。

入力：今日までの日経平均株価、ＮＹダウ平均株価、ドル円
出力：明日の日経平均株価が上がる・下がる・変わらない

ここで大事なのは、入力に関しては厳密に「これだ」というものをはじめから完ぺきに過不足なく設定する必要はない、ということです。そもそも、そんなことはよほど関係性が明確になっている問題でない限り無理でしょう。この株価の入力も、あくまでも（マーケットのプロでない）私が考えた一例にすぎません。もしこれで機械がパターンを学習し、株価の上がり下がりをうまく予測できるようになったのなら、入力（原因）をうまく設定できたことで課題が解決できたことになりますし、もし予測できないのなら、また他の入力を考えることになります。

このように、機械学習では課題をまずは厳密に定義し直すところから始まり、教師あり学習ではそこから入出力を定義するという流れを踏むことになります。この入出力もまた、もちろん厳密に定義されていなくてはなりません。つまり、入出力はきちんと「データとして取得できる」内容になっている必要があります。機械学習はデータから知識を得る、という基本は忘れないようにしておきましょう。

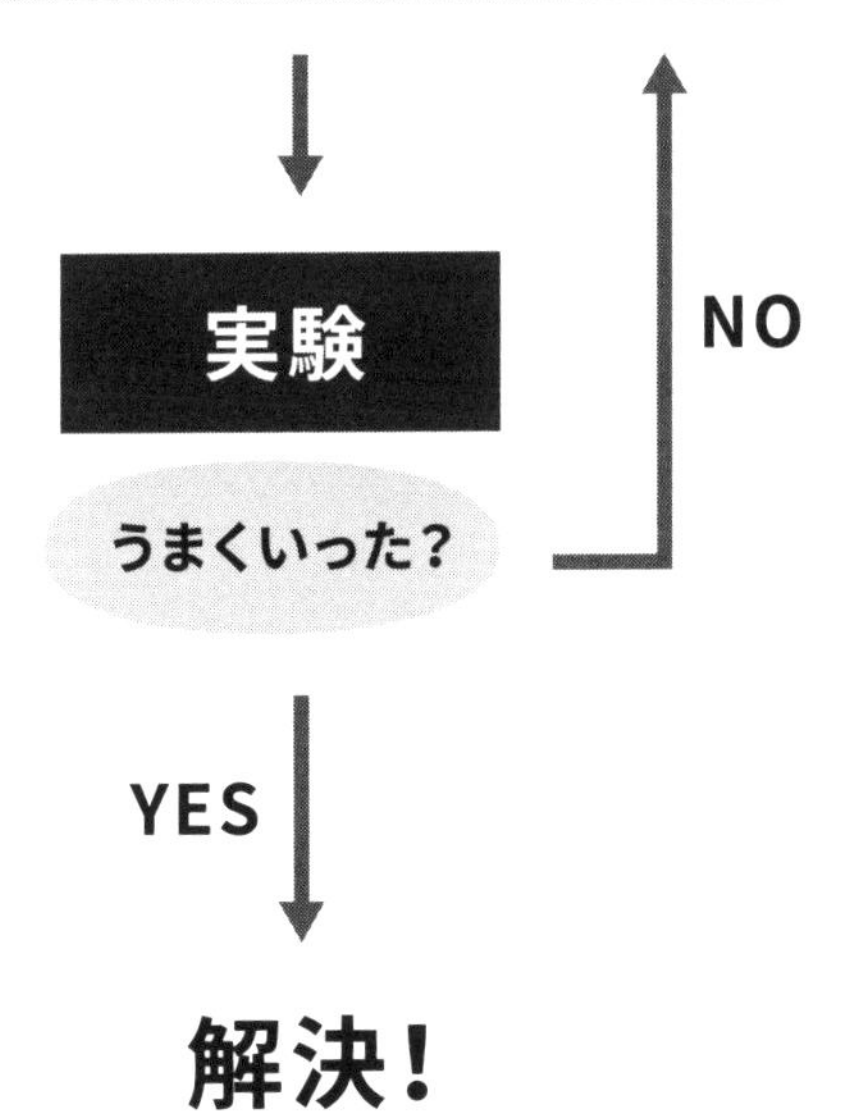
① 課題を明確にする
② 出力を定義する
③ 入力を定義する
実験
うまくいった？
NO
YES
解決！

　また、少し細かい話になりますが、ここでは例として株価が上がる・下がる・変わらないの予測を考えました。一方で、株価はその値自身を予測したい、という場合も当然あるはずです。教師あり学習では、もちろんそういった場合も学習・予測をすることができます。専門用語では、前者のようにいくつかのパターンを予測したい問題のことを **分類問題**、後者のように（連続した）数値を予測したい問題のことを **回帰問題** と言います。ここで意識してもらいたいのは、もともとの課題である「日経平均株価がどうなるかを予測する」は同じで、これをどう具体的にするかによって分類問題にも回帰問題にもなり得る、ということです。どちらの問題になるかによって、どのような手法を用いるか、また得られた結果をどのように評価するかといったアプローチが異なってきますので、課題の設定は重要です。

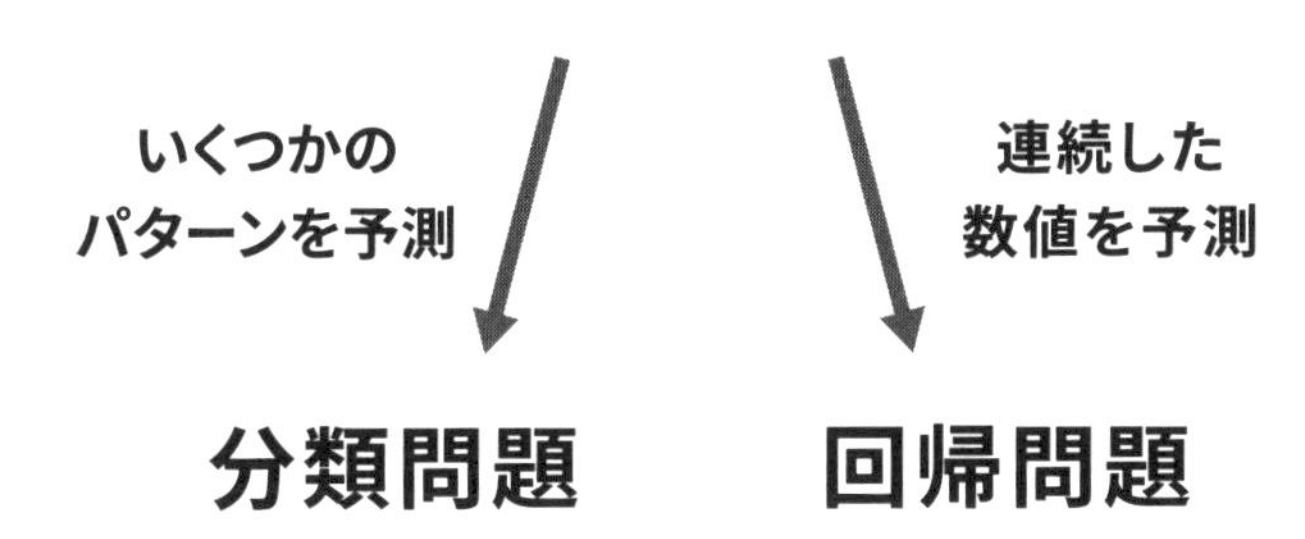
教師あり学習
いくつかの
パターンを予測
連続した
数値を予測
分類問題
回帰問題

実際のビジネス課題は千差万別なので、「課題を明確にする」ことが、もしかすると一番難しいかもしれません。株価予測は、その言葉を発した時点で、課題がある程度明確になっていました。もし、課題が何なのかうまく言語化できない、という状態になってしまったら、何を入力・出力にするか（したいか）を先に考えてみるといいでしょう。機械学習でできそうなことから考えていくことで、大きな（あいまいな）課題が、小さな（具体的な）課題の集まりへと分解されていくはずです。それらをひとつひとつ、機械に解いてもらえばいいだけです。

ビジネス課題だけに限らず、身の回りのものに対して、あなたの頭の中では何を入力として、何が出力されているのかを意識してみると、「機械学習的思考」のいい訓練になるでしょう。世の中はすべてパターンです。形あるものはすべて「網膜から入ってきた画像」が入力、それにより認識できた「人・物」が出力ですし、形のない声なんかも、「耳に伝わってきた音波」が入力、それにより認識できた実際の「文字・言葉」が出力です。こうして世の中の見方をちょっとだけ意識して変えてみることで、いざビジネス課題について考えるときも、実際の仕事の中から入出力の対応をイメージしやすくなるはずです。

2.2
問題へのアプローチ

機械学習の中でも、どうやら教師あり学習がとっつきやすそうだということ、そして課題の設定と入出力の設定が大事そうだということが分かったので、次のステップに進んでみましょう。課題および入出力を（ひとまず）決めたら、次に考えるべきは学習のためのデータです。

機械学習は人間が無意識に見つけ出している世の中の関係性 y=f(x) を、機械に見つけさせるものでした。ということは、この関係性を見つけ出せるだけのデータが必要になります。入力（x）と出力（y）の組み合わせのデータを集めなくてはなりません。エクセルなり、CSVなり、データベースなりに蓄積されているだろうデータを、頑張って引っ張り寄せてくることになります。あるいは、社内だけからでは手に入らないデータは、どこかから買うなり、オープンデータを使うことになるでしょう。データを集めるということに関しては、残念ながらこの本がお役に立てることはありません。しかし、どのようなデータを集めてくればいいのかについてはイメージがついたことと思いますから、やみくもにデータを集めるよりかは、かなり効率的に進めることができるのではないでしょうか。

人間も機械も、知らないものは知らない

さて、データを集めるという話になったときに、ほぼ必ずと言っていいほど出てくる質問があります。そして、これはいつも私を含め、実際にデータ分析する人たちを非常に困らせる厄介なものです。何かと言うと、

「どのくらいデータが必要ですか？」

これです。データを集めるのはなかなか手間もかかりますし、なるべくなら少なく済ませたいでしょう。しかし、質問される側からすると、これほど困ったものはありません。

というのも、この質問、実は「場合による」としかお答えすることができないのです。たくさん必要な場合もありますし、少なくてもうまくいく場合もあります。本当はバシッと明確な答えを期待されるでしょうが、残念ながらそうはいかないのが現実です。データが数百でも十分なケースもあれば、数百万でもうまくいかないケースもあり

ます。

どうしてこうした違いが出てきてしまうのかと言うと、必要なデータ数は課題における「パターンが複雑かどうか」に依存してしまうからです。教師あり学習は、入力と出力の組み合わせの中から、そこに潜む関係性を見つける手法でした。ということは、この組み合わせの種類が多いのだとすると、必然的にそれだけデータ数も多く必要になることになります。人間だって、存在を知らないものを当てられることはできないですよね。

ここでまた、簡単な例を考えてみましょう。例えば焼き肉。お肉の種類はたくさんありますが、あなたが知っているのはタン、ロース、カルビ、サーロインだとします。そんな中、目の前でどの部位だか分からないお肉が焼き上がりました。それを口にほお張ったあなたは言います。「この柔らかさは…ロースだ！」と。

決してふざけているわけではなく、これもあなたは分類問題を解いていたことになります。入力は肉の食感、出力は4種類（タン、ロース、カルビ、サーロイン）のお肉でした。そして、あなたはこれまで食べてきたお肉と食感が最も近いロースを解答したわけです。

しかし、残念！　正解はカルビでした！　…という結果が待っていたとしましょう。

もし食感から確信していたのだとしたら、なぜ間違えてしまったのでしょうか？　これがまさしく、データの数が必要になる理由です。

ひと口にカルビと言っても、上カルビや特上カルビなどは、霜降り具合も違えば味や柔らかさもまったく違ってきます。そして特上カルビは間違いなく柔らかい。もしあなたが特上カルビ（の柔らかさ）を知らなかったとすると、ロースと誤って認識してしまうのも無理はありません。

このように、データが足りないというのは、「どんなモノ・コトがあるのかよく知らない」ことによる誤回答を招いてしまう可能性を引き上げてしまうのです。つまり、データをたくさん用意すると言っても、ただのカルビだけのデータを集めるだけでは意味がなく、きちんと上カルビや特上カルビ（そして極上カルビ）のデータもきちんと用意しなくてはなりません。カルビにもパターンがありますから、それに伴って、必要なデータ数も増えるということになります。

そしてもちろんですが、タン、ロース、カルビ、サーロインしか知らないのに、いきなり「この柔らかさは…ハラミだ！」なんて答えができることもありません。あらかじめハラミもあることを教わっておかないと、答えの選択肢にのぼることはありません。

話が完全に焼き肉のことになってしまいましたが、ビジネス課題に関してもまったく同じことが言えます。むしろ、お肉に関しては上カルビや特上カルビなど、どういった種類（データ）があるのかすぐに分かりますが、ビジネス課題ではそこもあいまいなケースがほとんどです。それもあって、取りこぼしがないよう、手に入るデータはなるべく多いほうがいい、ということになるわけです。

データをたくさん集めなくてはいけない、と聞いてげんなりしてしまったかもしれませんが、いきなり何百万もデータが必要か、と言われると、そんなに必要なケースはめったにないでしょう。もちろん、それだけ多くのデータをそんなに苦労せず手に入れることができるならば、それに越したことはありません。一方で、データ数が多くなってくると、それだけ機械学習が必要とする計算時間も多くかかってきます。社内に高性能のコンピュータがたくさんあるならば話は別なのですが、そうでもない限り、大規模なデータを機械学習にかけて実験する場合、ひとつの組み合わせを試すのに数時間や数日かかることも珍しくありません。

というわけで、まずはデータ数のことは気にせず、（比較的）すぐに手に入るデータだけを用いて、スモールケースとしてプロジェクトを始める、というのがいいでしょう。たとえそれが数百や数千だったとしても、もしかしたら思ったよりいい結果が得られるかもしれません。そうしたらどんどんデータを増やしていけばいいだけですし、もしまったくダメそうでも、ダメージを最小限にとどめることができます（時間的にも、予算的にも）。ここでいう結果がいいかダメなのかは、簡単に言ってしまうとy＝f(x)のfをうまく見つけることができたか、すなわち「入力（x）が与えられたとき、出力（y）をきちんと当てることができるか」なのですが、この評価方法に関して、より詳しくはまた後ほどじっくり見ていくことにします。

スモールケースよりもっとスモールなケース、例えば、データ数が100にも満たないくらいの場合はどうでしょうか？　残念ながら、それはまだ機械学習の出番ではありません。もっとデータを集めることを先に考えたほうがいいでしょう。

アプローチのときは、三角関係を意識する

データ数が多いにせよ、少ないにせよ、機械学習を行うにはデータが必要であることはもはや言うまでもありません。課題が決まったら、データを集める。とても当たり前のことのように聞こえます。

しかし、この当たり前のこと、実際は順序が逆転してしまっているケースを非常に多く見かけます。気づかないうちに、手元にあるデータで、何か課題をつくりだせないかを考えてしまっているのです。これは、「機械学習を使うこと」が目的になってしまっているので、完全に手段と目的がひっくり返っています。

あくまでも、スタート地点はビジネスを効率化したい、楽をしたいという思いです。今、自分が楽できていないところを課題として設定し、それを解決するにはどういったデータが必要か、を考えていく、というのが正当なルートであることは忘れないようにしましょう。

ただし、課題によっては、データが非常に集めにくく、プロジェクトとして推進しづらい場合もあるでしょう。そうしたときにはじめて、課題をもう少し現実的な方向に修正していくことになります。課題とデータ、この二者間のバランスをとりながら、実際にはプロジェクトを進めていくことになります。

また、データは何も数だけ集めればいいわけではありません。カルビの例も、同じカルビのデータばかり集めても意味はなく、たくさんの種類のカルビを網羅していること、すなわちデータの質が重要でした。量と質。当たり前に聞こえるかもしれませんが、この質というのもこれまた厄介なものです。というのも、使いたいデータが、・・・・・完ぺきな状態で保存されているとは限らないからです。

例えば、新商品の売上を予測するのに、社内の複数の商品の、地域（支社）ごとの売上データを使うとよさそうだ、と考えたとしましょう。早速ここで、いくつかデータの質が落ちる可能性があります。

- 商品の発売時期はバラバラであるため、全部そろっている期間が少ない
- 一部の地域では発売していない商品があるため、データが一部欠けている
- 支社ごとに管理体制が違うため、保存しているファイルのフォーマットが異なる
- 一部の支社では新システムに移行したため、保存しているファイルのフォーマットが途中から変わった

これらはいずれも、どこの会社でも起こり得ることでしょう。データの質は容易に落ちてしまうものなのです。そして更に、もし手書きされていたものをパソコンで打ち直しているようなデータがあったとしたら、打ち間違いや全角と半角が混ざっているといった表記ブレも（意図せずとも）必ず混じってしまっているので、同じくデータの質を下げてしまいます。

こうした質の低いデータは、ある程度はプログラミングによって人手よりかは効率的に修正したり、欠けているデータを補完したりすることはできますが、もちろん限

界はあります。例えば欠けている値は平均値で代用するといった対応をとったりするので、厳密さはなくなっていってしまうからです。集まったデータを「キレイ」にするのも、機械学習の手法を実装するエンジニアの役目になるわけですが、実は、このデータをキレイにする作業のほうが、機械学習の手法自体を実装するよりもかなり手間がかかります。データの前処理やデータのクレンジングなんて言われたりもしますが、エンジニアにとっては、前処理が全体の時間の7割や8割とられた、といったことも珍しくありません。どんな職種の人にとっても、データの量と質をそろえるのは厄介なものなのです。

そのせいもあってか、キレイなデータを集めることよりも、機械学習の手法部分をどうにか調整することによって、課題を解決しようとしてしまう場面をよく見かけます。機械学習は y=f(x) の f を見つけるための数学的なアプローチによって支えられていますが、そのアプローチの数だけ手法が存在することになります。そして、各手法の中でも、いくつか人間が決めなくてはならない細かな設定（パラメータ）があるので、それをどう組み合わせていくのかによって、得られる結果は変わってきます。それこそこの組み合わせは無数にあるので、設定を変えることで、どうにかうまくいかないだろうか、と躍起になってしまうのです。

しかし、このサイクルに入ってしまったあとに、いい結果が出たという話は聞いたことがありません。（実際に組み合わせを試すのはエンジニアになるでしょうが、）あてもなく手法を試していってしまう前に、データの量と質は十分か、あるいは課題（・出力・入力）の設定を変えて試すことはできないかを再度検討すべきでしょう。

つまり、先ほど課題とデータの二者間のバランスが大事と書きましたが、実際は課題・データ・手法の「三角関係」を意識することが、プロジェクトをうまくいかせるために不可欠となります。

- 課題を決めたら、それに関するデータを集める
- データが集まらなさそうなら、課題を再検討する
- 課題の特性によって、適切な手法を選ぶ
- 手法を調整してもうまくいかなさそうなら、課題を再検討する
- データを集めたら、候補となる手法を試す
- 適切と思われる手法に合わせて、データの形式を調整する

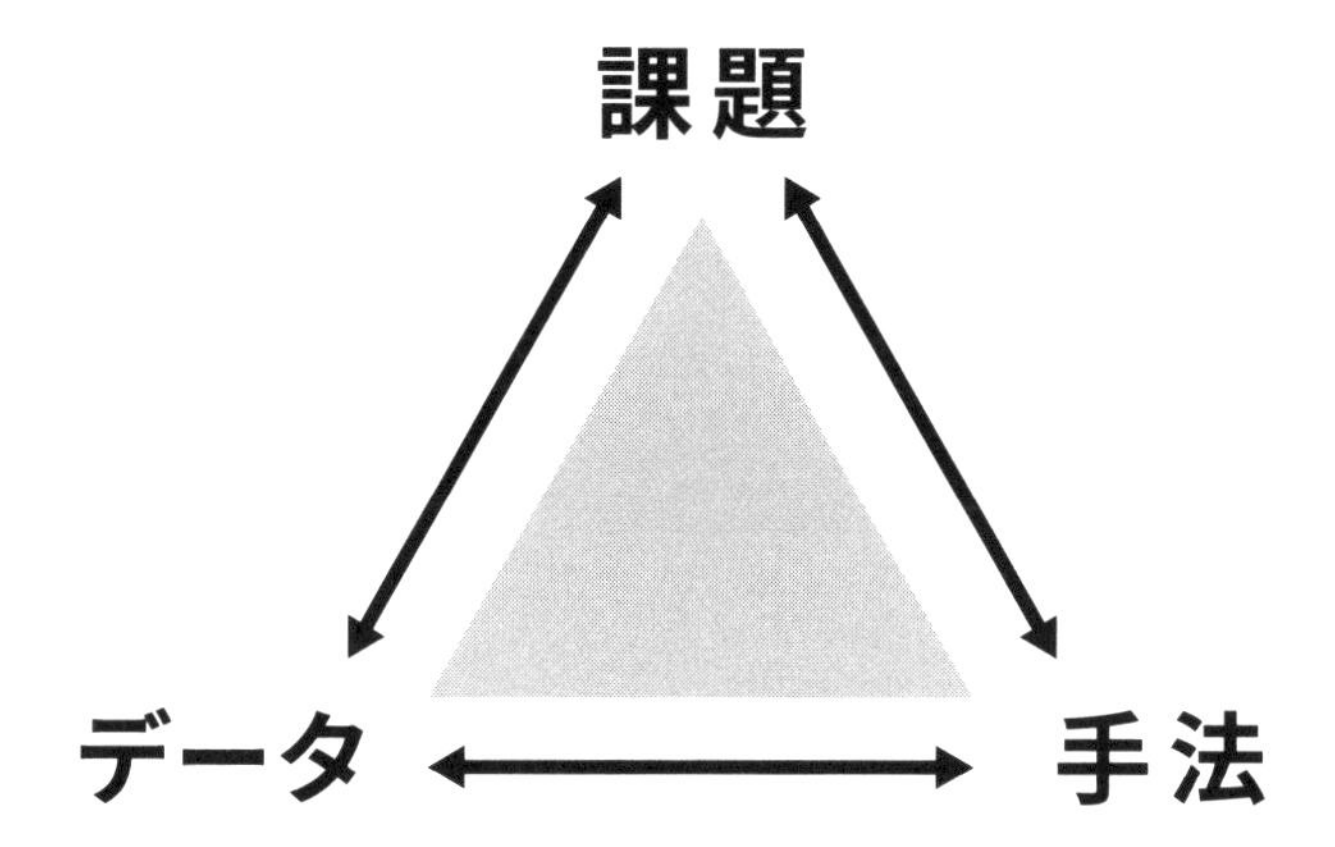
機械学習の三角関係
課題
データ
手法

この3つでつくられる三角形は、常に正三角形になるような心づもりでいるようにしましょう。どこかにリソースが偏ってしまうことを防ぐことができます。また、これを意識しておくことで、プロジェクトの現状を常に把握できることにもつながります。

学習を評価する

機械学習を使ってどのように課題に取り組んでいくかを知ったあなたは、今すぐにでもビジネスで実践したいと、うずうずし始めているかもしれません。しかし、もう少しだけ堪えてください。プロジェクトをうまくいかせるためには、まだ知っておかなければならないことがあります。

これまで、当たり前のように機械学習を使ってうまくいく・いかない、という話をしてきましたが、何をもってうまくいったかを評価すればいいかについては、実はきちんと考えていませんでした。原点に立ち返ってみると、機械学習も人工知能の手法のひとつです。ということは、「機械が知能を持っている存在として人間が認知できるか」すなわち「あるタスクを与えて、それに対する達成度を見る」ことで機械学習を評価することになります。ということで、次は評価方法について具体的に見ていくことにしましょう。

評価のために未知をつくりだす

そもそも、機械学習は「未知の問題に対して、機械が自力で（学習した中の）どのパターンに該当しそうなのかを見分けられるようにすること」を目指すものでした。ということは、評価の指針自体はすぐに立てられそうです。未知の問題、すなわち未知のデータをまさしく予測することができた割合を考えればいいでしょう。

しかし、ここで問題があります。未知のデータは本当に「未知」なので、手に入れることができません。ということは、評価もできないことになってしまいます。ではどうすればいいかというと、機械学習の手法を評価する場合は、擬似的に未知のデータをつくることになります。つまり、手元にあるデータを、学習のためのデータと、評価用のデータに分けて機械学習の手法を試す、というわけです。専門用語では、この学習のためのデータを**訓練データ**、評価用のデータを**テストデータ**と言います。

データの分割

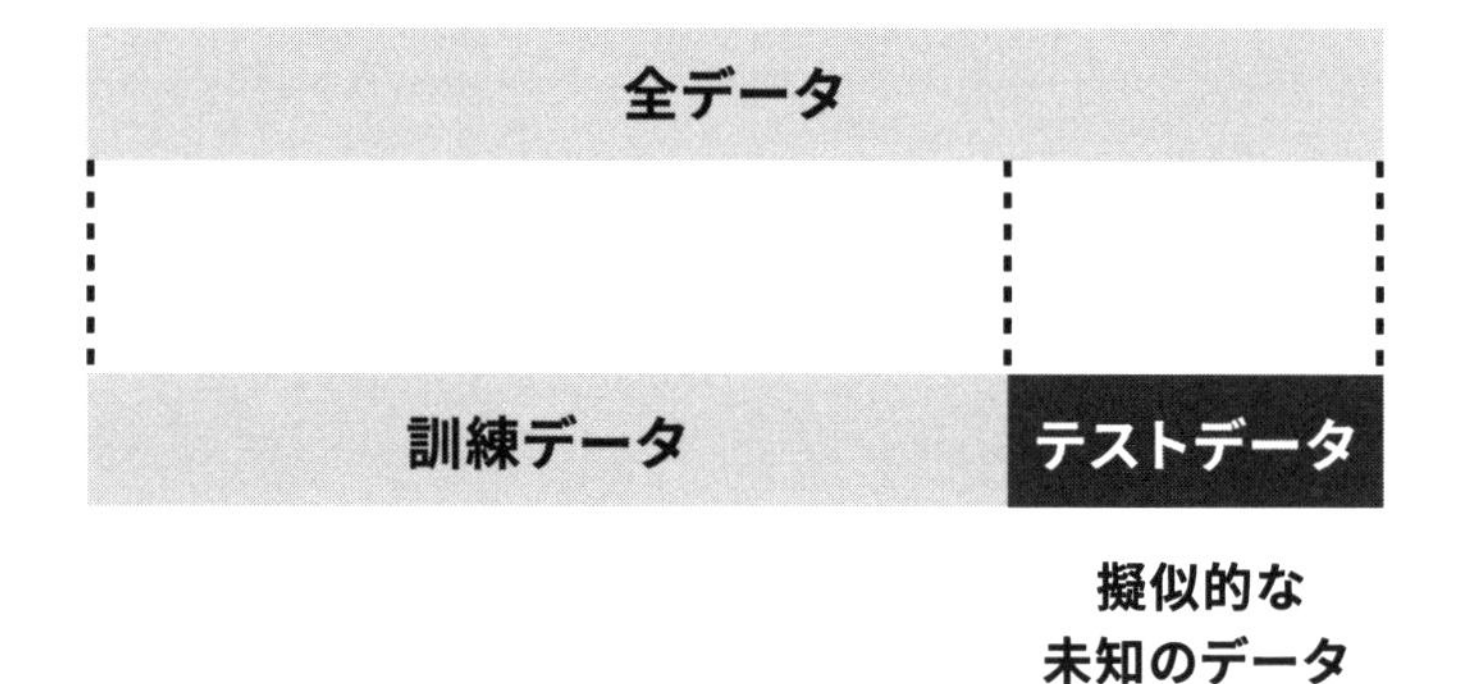

訓練データで y＝f(x) における f を見つけ出してもらい、その f がきちんと未知のデータにも通用するのかどうかをテストデータで試す。この関係性 f を見つけ出すステップが学習となるわけです。訓練データはあくまでも「これまでに得られたデータ」の集まりでしかありませんから、そこから見つかったパターン（関係性）が将来も通用するとは限りません。たまたま訓練データに対してだけうまく当てはまってしまう可能性も十分にあるわけです。そうした偶然を防ぐために、（未知である）テストデータに対しての予測が当たるか外れるかを評価するのは非常に重要なステップとなります。極論すると、訓練データの値をすべて覚えてしまえば、訓練データに対しては100％正解することはできるわけですが、それだと意味がなくなってしまいますからね。

一方で、こうした訓練データにはよく当てはまるけれども、テストデータにはまったく当てはまらないパターンを学習してしまうといったことは、実は往々にして起こります。機械にとって見れば訓練データがすべてなのですから、その中で最もいい結果が得られるように学習を進めるというのはごく自然とも言えます。しかし、それによりデータのわずかなズレにも敏感に反応してしまうようになってしまい、結果として未知のデータに弱くなってしまうのです。こうした、訓練データにのみ最適化され

すぎてしまっている状態のことを **オーバーフィッティング** と言い、機械学習の最大の敵としていつも立ちふさがってきます。テストデータによる評価は、オーバーフィッティングをしていないかどうかを見るためにも重要です。

逆に言えば、テストデータに対してもうまく予測できるようになったならば、本当の未知のデータに対してもうまく予測できるでしょうから、そこで得られた結果（機械学習のモデル）を実際のプロジェクトに導入・運用して問題ないことになります。

評価の落とし穴に注意

テストデータに対する予測がどれくらい当たったかは、間違いなくモデルの予測能力を表す指標になります。しかし、それを過信するのは禁物です。例えば次のようなケースを考えてみましょう。

「CT画像からガンであるかどうかを、テストデータに対して99％の確率で当てることができた。ここで得られた機械学習のモデルを、実際の医療現場に導入することはできるだろうか。」

法律や規制の話はいったん脇に置いておいて、さて、あなたならどう考えますか？99％当たるということは、1％外れているからダメと判断するでしょうか？

実はこの問題、大事な点はこの99％という数字ではありません。この99％が何を当てたことによって得られたのかが考えるべき重要なポイントです。99％ということは、もし100枚の画像（テスト）データがあったとしたら、99枚を当てることができたということになりますが、仮にこの100枚が次のような構成だったらどうでしょうか。

・ガンでない画像：99枚
・ガンである画像：1枚

このとき、機械学習のモデルがもしどんな画像であろうと「ガンでない」と予測をすれば、99％当たっていることになります。しかし、肝心のガンである画像を見落としてしまっているのではまったく意味がありません。今回のケースでは、「ガンである画像の中から、どれだけ実際にガンであると予測できたか」の割合が重要になってくるでしょう。課題の設定だけでなく、課題をどう評価するのかもしっかり意識しておかないと、痛い目を見ることになります。

どのように評価をすべきかについてはいくつかの場合が考えられますが、機械学習ではそれぞれ**正解率**（accuracy）、**適合率**（precision）、**再現率**（recall）という名前で区別されています。

正解率

全データのうち、どれだけ予測が当たったかを表す割合。ガンの例では、$99/100=99\%$になります。

適合率

予測が正だと得られた中で、実際も正だった割合。ガンの例では、ガンであると予測したのが0なので、分母が0になってしまい計算ができません。

再現率

実際が正のものの中で、予測も正だと得られた割合。ガンの例では、$0/1=0\%$になります。

単純にガンであるかどうかを当てたいならば、正解率99%という結果は紛れもない事実です。しかし、このようなケースでは、正解率ではなく再現率を使うほうが適切です。すると、値は0%なので、医療現場に導入するのは時期尚早、という結論にいたることになります。

では再現率をただ上げるようにすればいいかというと、今度はどんな画像であろうと「ガンである」と予測すれば再現率は100%となりますが、このとき適合率は$1/100=1\%$になるので、これまた不適切となります。

このように、適合率と再現率がともに高くなるようにするには、本当に目的に沿った予測ができていることが重要になりますから、よくこの2つの「調和平均」を計算した**F値**という指標が用いられます。調和平均(F値)の式は次のとおりです。

2×適合率×再現率/(適合率+再現率)

この式自体は(エンジニアではないなら)覚えていなくても構いませんが、課題を評価するうえで非常に重要な指標である、ということはしっかり覚えておくようにしましょう。

また、そもそもの話になってしまいますが、先ほどの

・ガンでない画像：99枚
・ガンである画像：1枚

といった、「データに大きな偏りがある状態」で実験をするのは、いい結果が得られにくい典型例です。データが不均衡であることは、機械学習の三角関係におけるデータ部分が大きく欠けていることになりますので、データを集めてバランスをとるところから始める必要があるでしょう。

数値が悪くても「いい」場合がある

評価指標がはっきりしたことで、どういったデータ・モデルで試すと、どれくらい「よい」結果が得られるのかが非常に明確になりました。とにかく、正解率なり、F値なりの値を高くすることが目標です。ただし、ここで気をつけるべき点があります。それは、これらの数値がいったいどれくらいになればOKなのかを、事前に意識しておかなければならないということです。

もちろん正解率が100％、F値が100％ならば完ぺきなのですが、そういったケースはまず無いでしょう（逆に、あったらどこかプログラムにミスがある可能性を疑うべきです）。特に、ビジネス課題は入力を何にすればいいか色々と試行錯誤することになると思いますので、得られる予測の精度（指標の値）が50％や60％という結果になる場合も十分にあり得ます。50％の場合なんかは（2択の予測だとすると）完全にランダムに予想しているのと何ら変わりませんから、芳しくない結果であることは一目瞭然です。もっと精度がよくなるように、データや手法を改善していかなければなりません。では、いったいどの数値まで到達すれば、十分に予測できていると言えるのでしょうか？

実は、この問いに対しても「課題による」としか答えることはできないのですが、なぜそうなるのかは、具体例を考えてみるとすぐに分かるかと思います。

例えば株価を予測したいとしましょう。株の勝率だけで考えると、51％予測が当たっていれば投資による利益は増えていきますので、十分と言えます（もちろん、もっと当たるに越したことはありません）。では次に、ガンの予測をしたいとしましょう。こちらは、もし完全に機械だけで診断をしようとするならば、100％の精度で予測ができないと、重大な診断ミスが起きてしまう可能性があります。一方、もし機械は

スクリーニングの役割としてのみ導入して、最後は人間（医師）が判断する、というフローにしたらどうでしょうか。この場合、70％、80％くらいでも人間のサポートとしての役割は十分に果たせそうです。

このように、機械学習（による人工知能）をどこに・どうやって導入したいのかによって目指すべきところが大きく変わってきますので、課題を明確にした際には、最終的な出口をどうしたいのかまで考えられるようになるとよりプロジェクトが成功しやすくなるでしょう。

成功、という文脈でいうと、試行錯誤の過程で得られた芳しくない結果も、決して無駄ではありません。そのデータ・手法の組み合わせでは「いい結果が得られない」ということが分かったこと自体も価値となるからです。試した入出力の間には関係性がなさそうだ、と結論づけられることも、いい結果に向かうための大事な礎です。

評価のインパクトは％になる

機械学習の評価ができるようになったわけですが、もし実際のビジネス現場で機械学習を活用したい、となったら、「課題と評価の相性」についてもある程度意識しておく必要があります。

正解率にせよ、適合率にせよ、再現率にせよ、F値にせよ、いずれも評価は割合で表されていますよね。すなわち、（機械学習による）人工知能の性能がよくなる場合は、それはすべて%の比較ということになるわけです。

何を当たり前のことを言っているんだ、と思ったかもしれませんが、これは実は非常に重要な意味を持っています。なぜなら、「何を1%改善するか」で、ビジネスのインパクトはとてつもなく変わってくるからです。

例えば、ネット広告の配信と、ケータイ端末の販売、どちらも事業として取り組んでいる会社があったとしましょう。広告に関しては、どんな広告ならクリックしてもらえそうかを予測することができるかで自社の売上が変わってきますし、ケータイも、顧客リストの中から買ってくれそうな人を予測することができれば、ダイレクトメール（DM）を打つことで効果的に販売ができそうです。事業規模は、ずっと取り組んでいる広告配信は1000万円、ケータイ販売はまだ1億円としましょう。

この会社では実はすでに機械学習に取り組んでおり、広告に興味があるかどうかを予測できる精度（正解率）は90%にいたっているとしましょう。一方のDMはまだまだ

予測ができておらず、DMに興味を持ってくれるかどうかは60％の精度だとしましょう。

このとき、どちらに機械学習のリソースを割くべきでしょうか？　伸びしろが大きいDMのほうでしょうか？　ここに、％による評価で気をつけるべき点が出てきます。DMのほうが間違いなく機械学習のモデルを改善できる可能性は高いです。90％までいくことができれば、30％の大幅な改善です。でも、それにより規模はどれだけ成長するでしょうか？　予測の％がそのまま売上に影響するとしたら、30％アップの場合、1億円×30％＝3000万円です。

一方、広告配信の予測精度を頑張って1％上げることができたとすると、それだけで1000億円×1％＝10億円にもなります。大きな違いですよね。つまり、機械学習は規模が大きいものほど、そこで得られる成果の恩恵も大きくなるのです。

機械学習の三角関係の話を問題へのアプローチを考えるときに出しましたが、ここにもその話は当てはまります。課題として何かしらの予測精度を上げることになるわけですが、どれくらい手法の改善に力を入れれば、設定した課題から得られる恩恵はどれくらいになるのか。そのバランスを見極める必要があるからです。

予測精度の上がり幅が大きいほうが一見するといいと思ってしまいがちですので、評価の際には十分注意するようにしましょう。

2.4 推薦問題を考える

これまで教師あり学習を中心に、機械学習でどうビジネス課題にアプローチをしていくかを考えてきました。さて、ビジネス課題の中でも、特にＥＣサイトといったサービス内でよく挙げられるのが、「どうやってユーザー（顧客）が買ってくれそうな商品を薦めるか」というものです。例えばビールが嫌いな人に新発売のビールを薦めてもまったく買ってもらえないでしょうが、ビール好きの人に薦めれば買ってもらえる可能性が高まりそうです。このように、その人が好きそうなものを予測できるかどうかは事業の売上に大きく影響してくるので、非常に大事な課題です。ＥＣサイトでは積極的に「あなたにお薦めの商品」を表示しているところが多いですが、この裏側はどういう仕組みになっているか、考えてみることにしましょう。

まず真っ先に思いつくだろう一番簡単な仕組みは、「一度訪れたページの商品をお薦め商品として表示する」というものでしょう。より厳密に言うと、「訪れたけど買わなかった商品」になります。ページを訪れたのはその商品に興味があったからだ、という前提に立つと、とてもシンプルですが効果はありそうです。

一方、これだと「訪れたけど買わなかった商品」でもあるので、あまり購買にまでいたる可能性は高くなさそうですし、お薦めをするのがどうしても受け身の姿勢となってしまいます。本来は、受動的ではなく能動的に、すなわちユーザーが「まだ見たことはないけれど、見たらほしくなるだろう商品」をお薦めするほうがいいでしょう。潜在的なニーズを探るほうが、買ってもらえる商品の幅が広がります。

ではどうすればいいでしょうか？　機械学習についてもうばっちり理解したあなたなら、予測と聞いたときから「教師あり学習が使えそうだ」と、ピンと来ていたかもしれません。入力がこれまで買った商品、出力がユーザーが見たらほしくなる商品、という組み合わせで教師あり学習をしてみると、一見うまくいきそうな気がします。

実際、教師あり学習によるアプローチは間違いではありません。例えば先ほどの新発売のビールを買ってくれそうかどうかを考えると、ＥＣサイトのたくさんのユーザーの購買履歴をもとに、入力をこれまでに買った・買っていない商品の組み合わせ、出力をビールを買った・買っていないとすれば、教師あり学習で実験してみることができます。

しかし、商品をお薦めしたいという課題の特性を考えると、これには欠点があります。この教師あり学習のアプローチでは、事前に定めたひとつの商品しかお薦めをす

べきかが予測できないのです。もし複数の商品をお薦めしたいとなった場合、出力はその商品の数だけ考えなくてはならないので、機械学習のモデルもたくさんつくり出さなくてはなりません。それには莫大な計算時間がかかってしまうので、とても現実的ではありません。

実は、商品のお薦めといった、何を推薦すべきかを求める技術は、**レコメンデーションエンジン**と呼ばれる分野として多くが研究されており、そこで得られた手法は**レコメンドエンジン**として多くのサービスやアプリケーションに導入されています。応用手法を取り上げるとキリがないのですが、ここではレコメンデーションの礎となっている**協調フィルタリング**という手法について簡単に見ていくことにします。

協調フィルタリングの考え方は非常にシンプルです。例えば、3人のユーザー（名前はマーク、ビル、スティーブにしておきましょう）が、次のような生鮮食品を買ったとしましょう。

- マーク：生ハム、チーズ、ナッツ、ワイン
- ビル：生ハム、ウインナー、バゲット、バター、ビール
- スティーブ：生ハム、チーズ、プレッツェル、オリーブ、ワイン

このとき、マークがどんなものを買いそうか考えたら、きっとあなたは「プレッツェルとオリーブ」と思うことでしょう。その考えのもととなったのは、おそらくマークとスティーブが買っている物の多くが被っているということかと思います。一方で、ビルが買っているものをマークが買うとは思わなかったはずです。「生ハム」だけは被っているものの、それだけでは他の商品をお薦めすることにはならないと考えたことでしょう。

つまり、あなたは無意識のうちに「買っているものが似ているということは、嗜好も似ているはずだ」という仮定を置いているわけです。そしてこれは実際多くのケースで当てはまるでしょう。まさしく協調フィルタリングが行っているのも、今ここで考えたことと同じです。「嗜好が近いユーザーを見つけ出して、その人が買っていた(かつターゲットがまだ買っていない)商品をお薦めする」というのが協調フィルタリング(の基本)のすべてです。こうすると、該当するユーザーが購入していた商品を一気にお薦めすればいいので、教師あり学習のときとは違ってひとつひとつ計算しなくて済むことになります。

一方、協調フィルタリングで気をつけなければならないのは、「どれくらい似ているのか」を厳密に数値化しておく必要がある、ということです。似ている度合いもいくつか設定が考えられます。例えば「マークが買った商品のうち、どれだけスティーブが買っているか」で見ると、$3/4 = 0.75$ですし、「マークとスティーブがそれぞれ買った全商品のうち、どれだけ2人とも買った商品は被っているか」で見ると、$3/6 = 0.5$となります。実は前者は**共起**、後者は**ジャッカード指数**と呼ばれる指標なのですが、いずれにせよ大事なのは、指標に基づいて類似度が計算できる、ということです。

ただし、「どれくらい似ていれば推薦すべきなのか」に関しては、また別の問題として考えなくてはなりません。ここで先ほどの3人に加えて、もうひとり新しく登場してもらいましょう。名前はジェフです。ジェフは次のような買い物をしました。

- **ジェフ：生ハム、チーズ、バゲット、バター、ビール**

さあ、今度はどうでしょうか。「生ハムとチーズ」は被っているので、マークが買った商品の半分が同じとなっています。ではマークは「バゲット、バター、ビール」も買ってくれると思いますか？　この答えは人によってまちまちだと思います。ちなみに、共起を計算してみると2/4＝0.5、ジャッカード指数を計算してみると2/7＝0.286となります。これが「推薦するに足るくらい似ている」かどうかは、人間がエイヤと決めてしまってもいいのですが、これまでのデータで実験したうえで判断したほうが、よりよい推薦ができるでしょう。効果を検証するために、擬似的に手元にあるデータでテストするという流れは、これまでに見てきた手法たちと同じです。

レコメンデーションは教師あり・なし学習、強化学習とはまた異なるアプローチですが、「データをもとに予測を行う」という意味では、間違いなく機械学習の手法であると言えます。特に、「どうも教師あり学習ではうまくいかなそうだな」と壁にぶち当たったときに、ふと協調フィルタリングについて思い出してみると、いい解決手段になっているかもしれません。課題解決のアプローチのひとつとして、ぜひ覚えておくようにしましょう。

さて、この実用編では、機械学習の具体的な手法について、そしてどのような手順で目の前の課題に対して機械学習を適用していけばいいのかを見てきました。専門用語がたくさん出てきたため、もしかすると一度読んだだけでは頭に入りきらなかった

かもしれません。ただ、言葉自体を覚えることももちろん大事ではあるのですが、それよりも、機械学習がプロジェクトの中でどのように使われていくのかをしっかり意識することが重要です。まず大事なことは、課題をきちんと定義すること、そして出力、入力を定義すること。これさえ意識しておけば、実践の場でも大きく道を踏み外すことはないはずです。いきなり実プロジェクトというのはちょっと…という場合は、頭の中で身近な課題を考え、それをどうやったら機械学習で解ける形に落とし込めそうかをイメージしてみるといいでしょう。「機械学習的思考力」を身につけておけば、もう怖いものはありません。

3
発展編

深層学習という ブレイクスルー

未来を予測する最善の方法は、
それを発明してしまうことだ。

（アラン・ケイ）

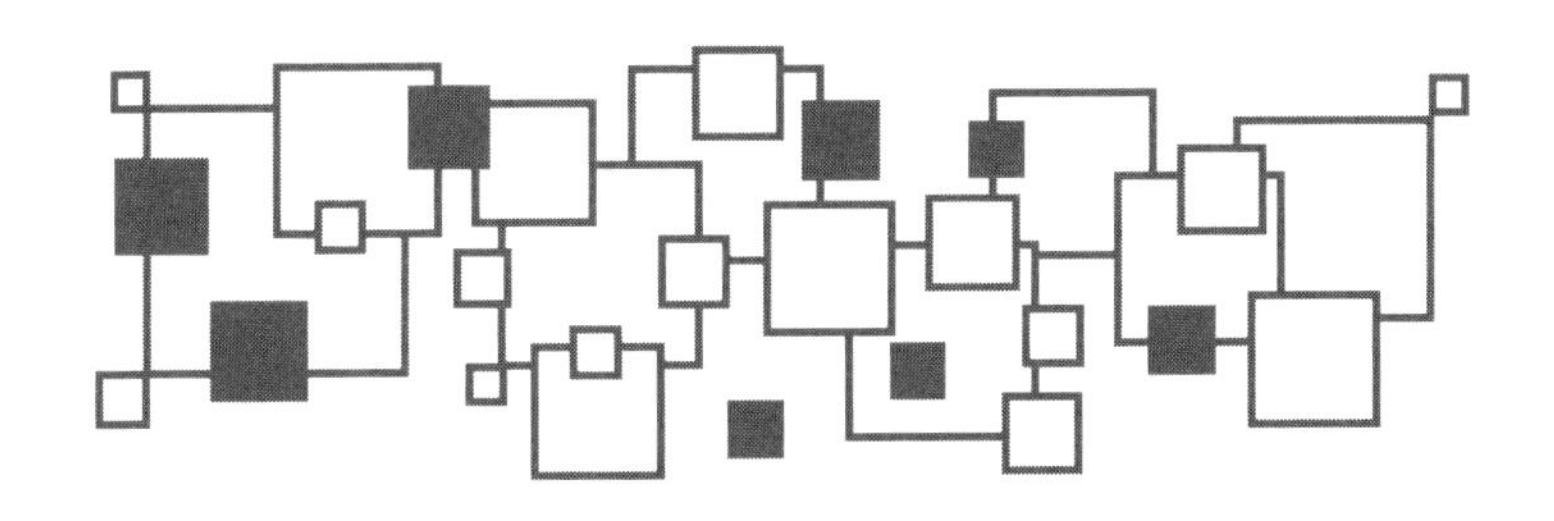

3.1 深層学習は「どこが」すごいのか？

人工知能の技術の数々と、その具体的な手法のひとつである機械学習についてばっちり理解したあなたは、もういつでもプロジェクトを進める準備はできていると、自信満々になれたことと思います。実際、これまで見てきた内容をきちんと身につけるだけでも、ビジネス現場を存分に変革していくができるでしょう。

でも、実はまだ、人工知能を考えるうえで非常に重要なトピックが残っていますよね。ここでもう一度、人工知能分野がどのような技術で支えられているのかを思い出してみましょう。

人工知能

推論・探索

知識表現

機械学習

深層学習

これまで見てきた推論・探索、知識表現、機械学習の他に、もうひとつ、名前が書かれています。それが、最近もっぱら世の中をにぎわせている**深層学習（ディープラーニング）**です。もしかすると、そもそもあなたがこの本を読み始めたきっかけも、この深層学習という言葉を目や耳にしたからかもしれません。

ただし、今一度気をつけてもらいたいのは、第３次人工知能ブームを飛躍的に加速させた深層学習は、あくまでも機械学習の一部である、ということです。そう、これまで多くのページに渡り書かれてきた機械学習と同じです。では、いったいなぜ機械学習の一部である深層学習だけがこんなに取り沙汰されているのでしょうか？

その理由について見ていく前に、そもそも深層学習がこんなにも騒がれ始めたのはいつ頃からなのか、少し見てみることにしましょう。下のグラフは、「Googleトレンド[1]」上で、深層学習の英語表記である「deep learning」が、これまでにどれくらい検索されてきたのかを表したものです[2]。期間は２０１２年のはじめから２０１７年の終わりまでとしています。

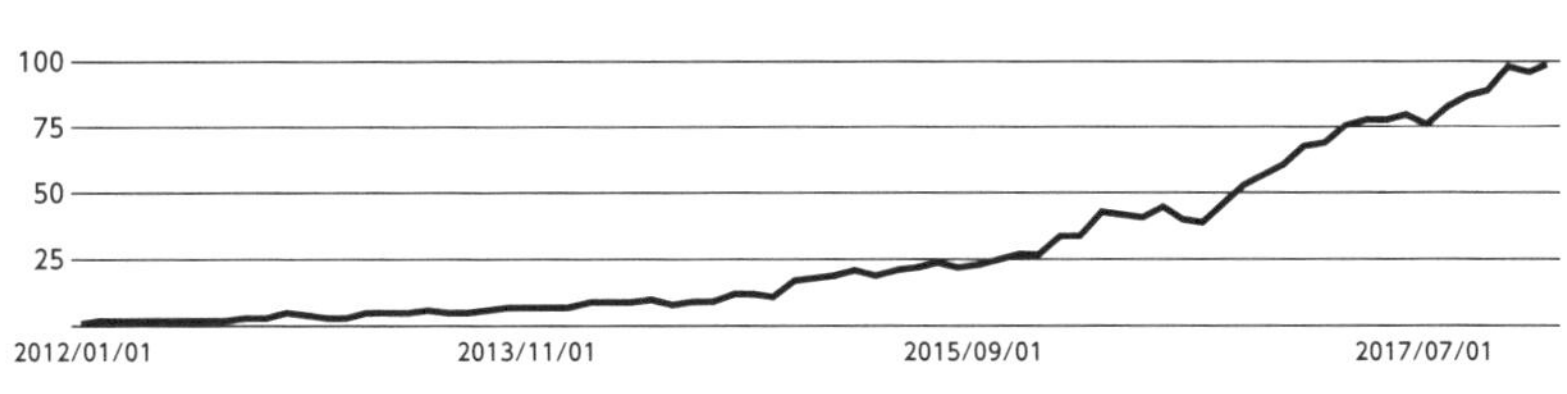

1）https://trends.google.co.jp
2）ただし、Googleトレンドでは純粋な検索数は表示されず、「数値は、特定の地域と期間について、グラフ上の最高値を基準として検索インタレストを相対的に表したものです」と説明されています。

グラフを見ると、2012年の途中からじわじわと検索数が増え、世の中の関心が高まってきていることが分かります。今でこそニュースや新聞などで深層学習という言葉を日常的に見かけるようになりましたが、2012年にそのきっかけがあったというわけですね。また、2014・2015年以降はかなりの勢いで深層学習が広まっていったことをうかがい知ることができます。

特徴をとらえないと予測はできない

Googleトレンドにも現れているように、深層学習の存在は、2012年に研究の世界に激震を走らせることで大きく認知されることとなりました。機械学習の世界では、毎年**ILSVRC**（ImageNet Large Scale Visual Recognition Competition）と呼ばれる大規模な画像認識のコンペが開催されています。コンペの課題としては、与えられた画像に対して（どこに）何が写っているのかを当てるという、ごくごく単純なものなのですが、世の中一般の物体を対象にしていることが、課題の難易度を飛躍的に上げています。ひとことで言ってしまうと、深層学習が話題になったのはこのコンペでぶっちぎりで優勝したからだ、というわけなのですが、どれだけすごいことが起きたのでしょうか？

世の中にある物体はそれこそ無数にあります。人、机、イス、コップ、車、電車、飛行機、犬、猫…と、数え上げればキリがありません。そして、例えば犬の中にも、柴犬、チワワ、パグなどなど、たくさんの種類がいます。ここに大きな問題があります。

まず、物体の種類、すなわち「パターン」が膨大であるということは、それを見分けるのに必要なデータもとにかく膨大になるということが挙げられます。それぞれの物体がそれぞれひとつのパターンとなるので、必要なデータ数が膨れ上がってしまうのは容易に想像がつきます。膨大なパターンを見分けるために、膨大なデータが必要だということは、機械学習全般について言えることでした。

また、パターンが膨大になると、もうひとつ別の問題も発生します。画像を認識する、という課題自体は教師あり学習に該当するということは分かるかと思います。入力が画像、出力が物体になるだろうと、すぐに予想がつきますよね。でも実は、深層学習が出てくる以前の機械学習の手法では、ただ単純に画像データをそのまま入力としても、期待するような成果が得られることはほとんどありませんでした。いったいなぜでしょうか？

そもそも教師あり学習は、入力 x および出力 y から、その間にある関係性 f を見つけ出すための手法でした。要は、y = f(x) で表せるような f を見つけること。ということは、入出力(x, y)の種類が多ければ多いほど、そこにある関係性 f もどんどん複雑になっていってしまうわけです。ある物体では f によってうまく認識できても、別の物体では f でうまくいかない、というのは往々にして起こり得るでしょう。入力(画像)の種類が多すぎるので、ピタリと当てはまる f がうまく見つけられない、という問題が起こってしまうのです。

そのため、研究者たちは機械学習をどのように改良していったのかと言うと、関係性 f、すなわち機械学習の手法(モデル)をこねくり回すのではなく、入力 x を工夫する方向へとみんな動いていきました。例えば画像の色調を変えてみたり、色の境界部分をよりはっきりさせたりなど、画像データの値そのままではなく、そこからより「説明力の高い」データをつくり出そうとしたわけです。

また新しいことをやり始めた、と感じたかもしれませんが、実はこれ、問題へのアプローチを考えるときに、すでに同じことをやっていました。例えば、明日の日経平均株価が上がるか下がるかを予測したい、という問題を(再び)考えてみることにしましょう。このとき、過去の日経平均株価以外にも、NYダウの株価だったり、ドル円の動きだったり、何か「関連がありそうなもの」を入力に選ぶと、よりよい予測ができそうだと直観的に思いますよね。あるいはもっと株に精通している方だったら、テクニカル指標を入力に加えてみるといいかもしれない、と思うかもしれません。

機械学習では「課題↓出力↓入力」の順番で決めていく、と書きましたが、この入力は（特にビジネス課題では）試行錯誤するケースがほとんどです。そもそもxとyの間に関係がなければ、関係性fは存在しませんので、何が入力たりうるか、よく考えなくてはなりません。つまり、入力とはパターンをよく説明することのできる**特徴量**になるわけです。特徴量をいかに設計するかで、機械学習のモデルの精度が大きく変わってくることになります。

さて、話を（物体の）画像認識に戻しましょう。画像が入力データ、と聞くと、画像を加工するのはあたかも特別なことをしているかのように思ってしまうかもしれませんが、実のところは、これは画像から特徴量を選び出していることに他なりません。物体を認識することができるfを見つけられるかどうかは、機械学習の手法をいじるだけではもはや大差はなく、いかに画像から「うまい特徴量」を見つけられるかに依存するようになったと言えます。この特徴量を見つけ出す作業のことを**特徴量設計**と呼び、ILSVRCをはじめとするコンペなんかでは、特徴量設計でどれほど職人

芸を見せられるかが、勝負を決めることにつながりました。
　では、その職人芸でどれだけ差がついていたかと言うと、これもまた極限まで突き進んでしまったため、大差は出なくなっていました。世界中のあらゆる研究者チームが、手法の細かな調整や特徴量設計を突き詰めていくその姿は、さながらオリンピックのアスリートのようです。実際にどれくらい物体認識ができるようになっていたかと言うと、２０１２年のＩＬＳＶＲＣでは、第２位から第４位までは次のような結果となりました（いったん、第1位は置いておきます）。

	誤認識率
2位	26.1%
3位	26.7%
4位	27.1%

ここでひとつ注意してもらいたいのが、順位は「誤認識率」で競うので、数字が小さいほど性能がよい、ということになっている点です。いずれにせよ、わずか1％の間に3チームが並んでおり、どういう特徴量にすればいいスコアが出るのか、熾烈な競争が繰り広げられていたことをうかがい知ることができます。

そんな、特徴量設計といった職人芸で競い合っていた中、深層学習は手法のほうを変えることで驚異的なスコアをたたき出しました。入力xではなく、関係性fのほうです。つまり、深層学習とは簡単に言ってしまうと、「y＝f(x)のfをものすごく複雑に設定できるようにしたもの」なのです。

さらっとfを複雑に設定できる、と書きましたが、なぜそんなことができるようになったのでしょうか？　詳しくは後ほど見ていきますが、深層学習は、人間がモノゴトを認識する仕組み、すなわち人間の脳の構造をまねようとして考えられた手法です。世の中の現象が物理法則として数式で表せたことによって文明が発展してきたように、人間の脳が（部分的にでも）数式で表せたことによって、機械学習は発展したというわけです。人間には実現できている物体のパターン認識を、機械上で再現できるようになったということになります。

逆に考えると、人間は「何が特徴量になっているのかを自分で見抜くことができる」

と言えます。人間の頭の中では、少なくとも物体を認識する程度の複雑さならば、無意識のうちに関係性 f を見い出すことができていますからね。一方、深層学習が出てくる以前の機械学習では、人間が何が特徴量になっているかのヒントを与えないと、適切な関係性fを見つけられませんでした。ここが、深層学習とそれまでの機械学習との大きな違いです。

ではその深層学習、いったいどれくらいすごいのかと言うと、2012年のILSVRCで第1位に輝いたわけですが、その結果は次のようになりました。

	誤認識率
1位	15.3%
2位	26.1%
3位	26.7%
4位	27.1%

ご覧のとおり、10％以上の大差をつけ、圧勝です。これまで特徴量を工夫することで0.1％のしのぎを削っていたところへ、いきなり10％も差をつけられたのですから、当時の参加者たちはさぞかし驚いたことでしょう。

しかも、深層学習は、特徴量を工夫するのではなく、手法のほうを工夫したものですから、入力もほぼ画像そのままでした。画像の種類を（擬似的に）増やすために、画像の左右をひっくり返したり、拡大・縮小などの変更を加えたものを用いるといった工夫はしていましたが、それまでの細かな特徴量の調整ではなく、画像まるごとを入力にしてこの結果だったわけですから、それはもう大きなパラダイムシフトです。

この出来事以降、ＩＬＳＶＲＣに参加するチームはどこも深層学習ベースのアプローチを採用し始め、年々ものすごい勢いで誤認識率が縮まっています。２０１５年には3.6％という結果をマイクロソフト社のチームがたたき出し、ついに人間の誤認識率5.1％を上回る性能を記録しました。もはや、一般的な物体認識では、機械は人間を超える存在となったわけです。

こうした動きを受けて、世の中では「深層学習は勝手に特徴量を見つけてくれる！すごい！」と言うイメージが醸成されてしまっているのですが、ちょっと待ってください。これは半分正しいとは言えるものの、半分は誤りです。というのも、深層学習

はあくまでも「入力・出力の間にある関係性がかなり複雑でもそれを見つけ出すことができる」ものであり、自ら何が最適な入力（特徴量）なのかを見つけ出すことができるわけではないからです。繰り返しになりますが、入力と出力に関係がないならば、どんなに頑張ったところで、y＝f(x)で表すことはできないのですから。

一方で、入力と出力の間に関係があるならば、それがどんなに複雑だったとしても、深層学習は見つけ出してくれるでしょう。ですので、入力データとして用意したものがあるものの、そこからどういった特徴量をつくっていいのか分からない、といった場合に深層学習は活躍してくれるはずです。ビジネスにおいても、「取りあえず関係ありそうなデータは用意できたけど、ここから細かな特徴量設計なんてできない」といった状況はよく起こり得るでしょうから、そのときは深層学習の出番、ということになります。

脳みそをモデル化する

それまでの機械学習と比べて大きな成果を上げた深層学習ですが、「人間の脳の構造をまねした」とは、具体的にどんな感じなのか気になりますよね？　ただ、本格的に考えると数式だらけになってしまうので、ここでは定性的に見ていくことにしましょう。

そもそも、人間の脳はどのように情報を処理しているのでしょうか？　もちろん、完全には解明されていない部分もあるのですが、要となるところはすでに分かっています。

まず、脳を構成している主役は **神経細胞**、あるいは **ニューロン**（神経単位）と呼ばれています。脳の中は１０００億を超える神経細胞で埋め尽くされており、その神経細胞間で電気信号をやりとりすることで、情報の伝達が行われています。

情報が伝達される、ということは、神経細胞はお互いがつながり合っているわけなのですが、これにより脳内では神経細胞のネットワーク、すなわち回路が形成されることとなります。この回路のことを **神経回路** と言います。つまり、人間の頭の中は

神経細胞でできた電気回路となっており、何か情報がやってきたときに、どの神経細胞にどれくらいの電気を伝えるかで、パターンを認識していることになります（もちろん、この電気の量の調整は、人間が意識することはありません）。

少し専門用語が多くなりましたが、大事なこととしては、次の2点に集約されます。

- **人間の脳は、神経細胞で できた回路（ネットワーク）となっている**
- **神経細胞に伝わる電気信号の量を調整することで、パターンを認識している**

これらの特徴をモデル化したものが、深層学習の土台となります。そして、そのモデルは「ニューロンのネットワーク」を模したものなので、**ニューラルネットワーク**と呼ばれています。

モデル化、と聞くと難しく感じるかもしれませんが、人間の脳にせよ、ニューラルネットワークにせよ、あくまでも行っているのは「入力をもとに、出力をする」ということです。つまり、人間の脳みそも、機械学習・深層学習の手法も、関数fを見つけ出しているにすぎません。

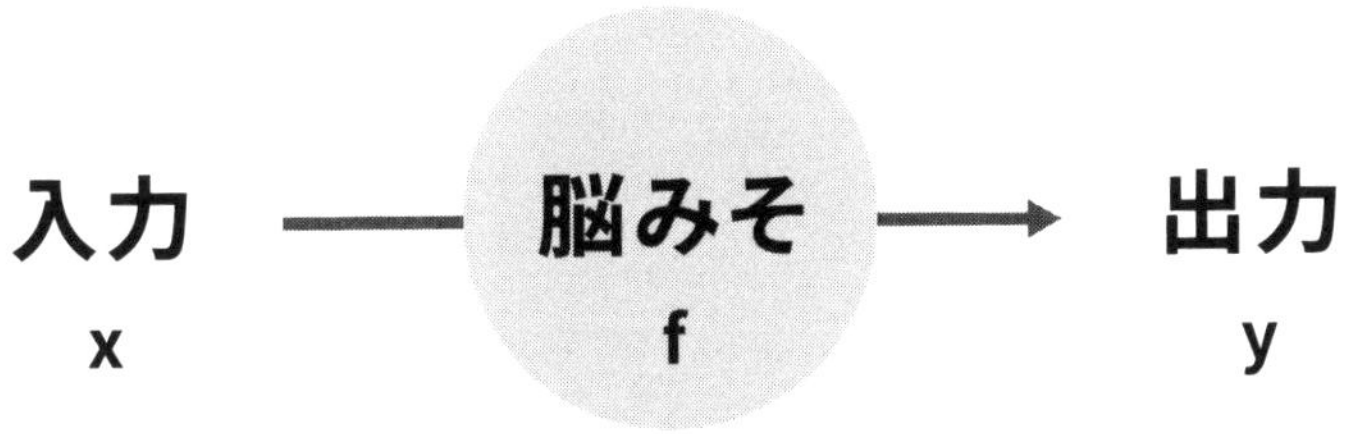

入力 x → 脳みそ f → 出力 y

そして、この脳みそ f の部分を、より精緻に再現しようとしているのが深層学習のアプローチであるということになります。とは言うものの、実際のニューロンのネットワークは非常に複雑な形状をしているので、そのエッセンスを抽出したものが実際のモデルになります(例えば物理学では摩擦のない世界を仮定したり、経済学では人間はみな合理的であると仮定したりなど、物事を単純化したほうがモデルは作りやすいのです)。

さて、モデル化にあたって、まずは次の図を見てください。

○

ただのマルに見えますが、これがニューロンを表しています。では続いて次の図を見てください。

─○─○─

こちらは、ニューロンがつながっている様子を表しています。これらをもとに、脳みそfの部分を図で描いてみます。

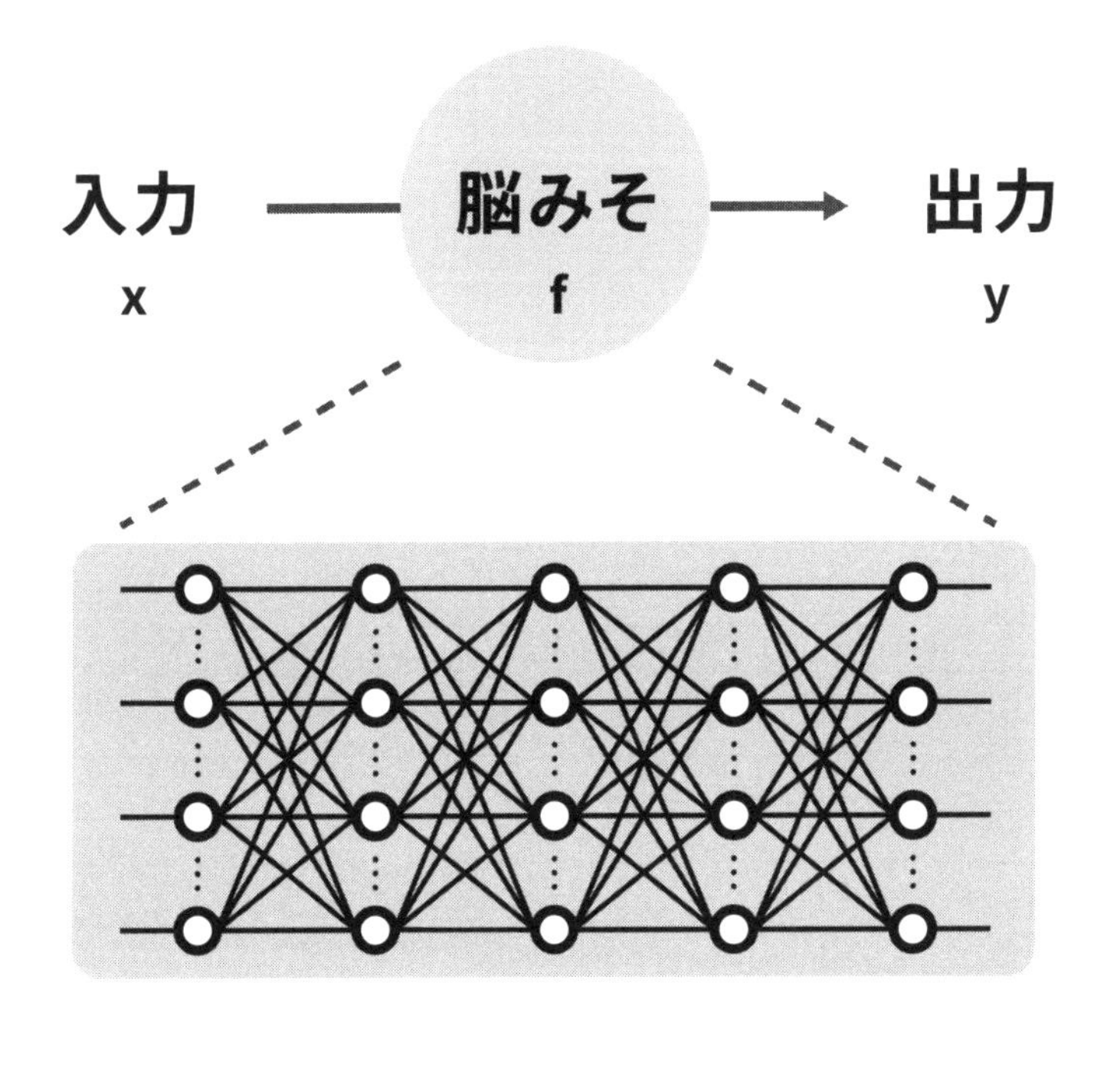

この複数のニューロンが順々に並んでいる図が、ニューラルネットワークのモデルです。ただし、ひと口に深層学習と言っても、現在はさまざまなモデルが考えられており、ネットワークの形も色々考えられているので、こちらは基本形になります（さまざまなモデルが考えられるくらい、脳みそのつくりは複雑なのです）。

実際の深層学習では、この各々のニューロンのつながりが数式で表され、「つながり度合い」を計算することで、複雑なパターンでもうまく認識できるようにしています。つながりがたくさんあるということは、それだけ表現できるパターンも増えるということになります。人間の脳は１０００億を超えるニューロンがありますから、それだけ複雑なパターンも認識できるというわけです。

先ほどのニューラルネットワークの図、マルと線だけで何のことやら、と思った方もいらっしゃるかもしれませんので、もう少しだけこの図の見方について、掘り下げてみます。肝となるのは、ニューロンが層構造をしているということです。どういう意味なのかを分かりやすくするため、図を層ごとに分けてみました。

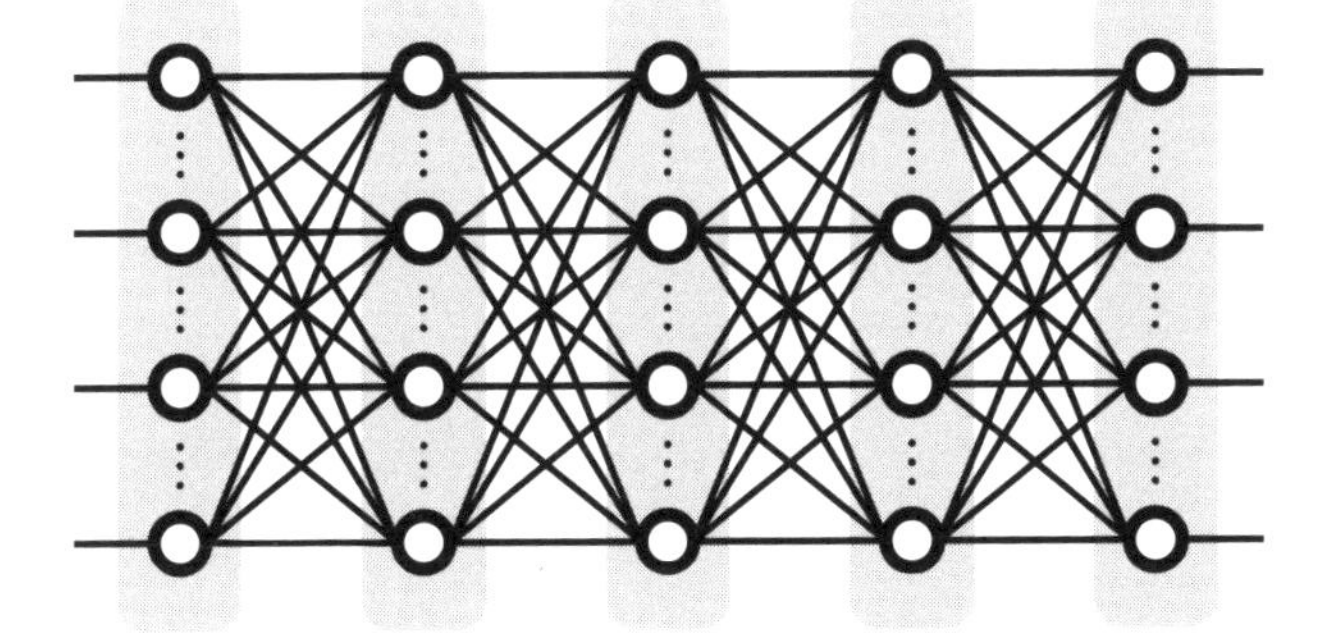

層構造になっていること、それが何を表すのかと言うと、（物体などの）入力が持つ特徴を段階的に見つけていく、ということです。それぞれの層を電気信号が通っていくごとに、それぞれ新しい特徴を見つけていくわけです。

人間の脳でも同じような処理が行われていると考えられています。入力に近い層では全体像といった抽象的な特徴をつかみ取り、出力に近い層になるにつれ細かな具体的な特徴を見つけ出すことで、私たちは最終的なパターンを認識しているのです。

すなわち、脳みそは最終的にはひとつの関数 f で表されてはいますが、その中にある層ひとつひとつもそれぞれ別の関数になっているのです。たくさんの複雑な関数が合わさることで、とても複雑な関数をつくり出すことができるようになった、というわけです。

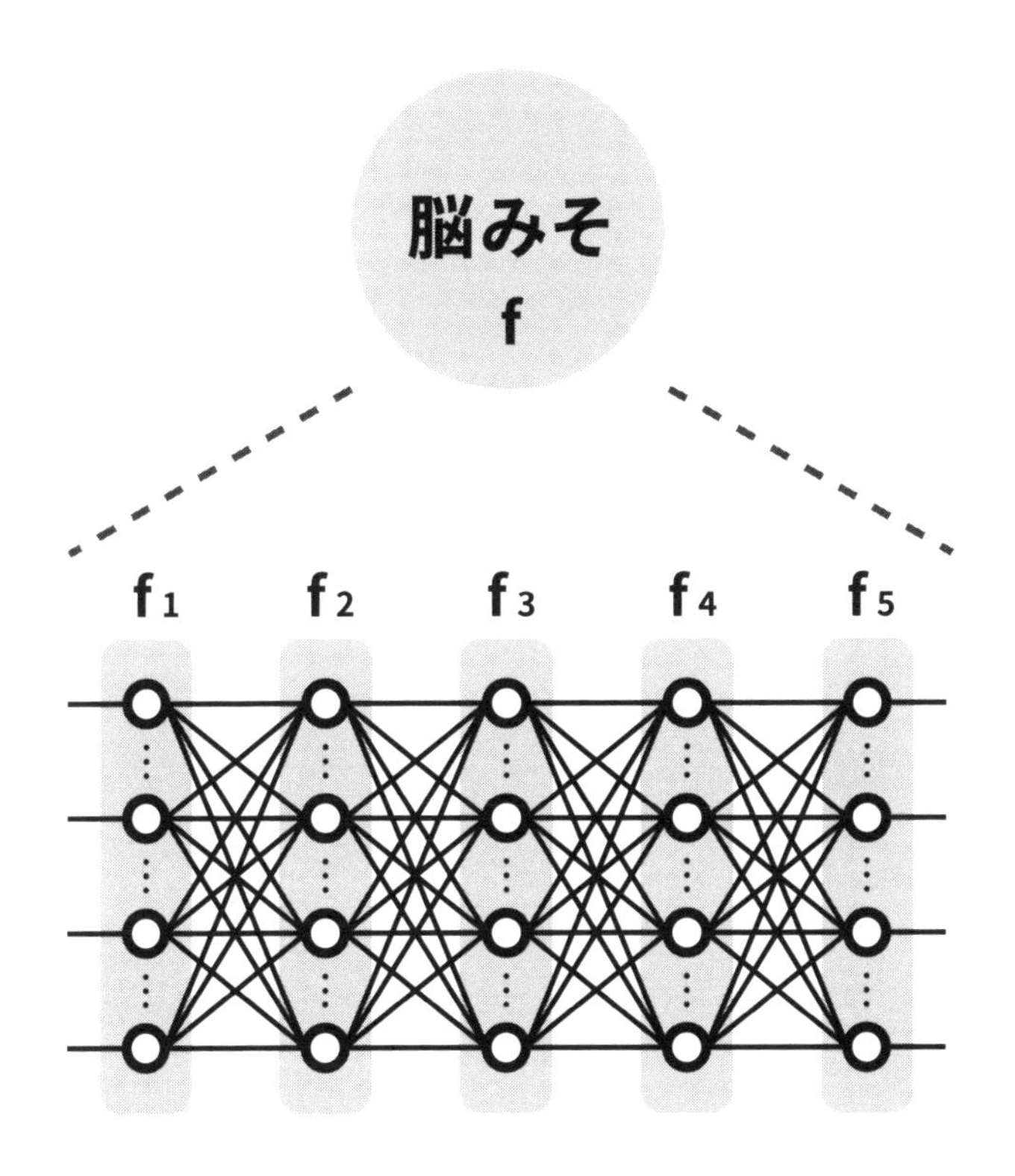
脳みそ
f
f1
f2
f3
f4
f5

関数がそれだけ合わさっている、ということは複雑な関数が表せるというメリットもある一方、デメリットもあります。それは、関数の中身がどうなっているのかもはや分からない、ということです。

機械学習でデータ分析（予測）をする際、これまたよくある質問として、次のようなことが聞かれます。

「入力の特徴量のどれが有効なのか知りたい」と。

これに対するお答えは、残念ながら深層学習を用いる限りは「分からない」というものになってしまう場合がほとんどです。関数 f が複雑になってしまうと、もはや入力のどの値がどのように出力に寄与しているのか知るすべがなくなってしまうので、質問にはお答えできなくなってしまうのです。もし有効な特徴量を知りたい、という場合には、従来の機械学習の手法（の一部）を用いれば分かりますので、そちらの手法を試すこととなります。

このように、深層学習はあくまでも「予測能力を極限まで高めたもの」ですので、「人間が解釈できるかどうか」はもはや捨て去ってしまっているのです。私たちも、他人の頭どころか、自分の頭の中すら、どうなっているかなんて分かりませんよね。

これまでに見てきた推論・探索、知識表現、機械学習、そして深層学習。繰り返しになりますが、どの手法を使えばいいのかは、どんな課題をどんな目的で解きたいのかによって変わってきますので、何で楽をしたいのかをきちんと意識するようにしましょう。深層学習は、あくまでもより正確に予測をしたいときに使うもの。ブラックボックスだから使い物にならない、と揶揄する声もよく上がっていますが、それは単に、目的と手法が噛み合っていないだけなのです。

テクノロジーの進化は単独では成し得ない

「人工知能50年来のブレイクスルー」なんて評されている深層学習ですが、実は、土台となるニューラルネットワークの手法自体は昔から考えられていました。それこそ、「脳みそをモデル化する」というアプローチは第1次ブームのときからすでに試されており、その後も徐々に改良されていたのです。

では、なぜつい最近になって深層学習が出てきたのでしょうか？　もちろん、アイ

デアによって切り開かれた功績は大きいのですが、同時に、ハードウェアの進化によるところも大きいのが事実です。すなわち、コンピュータの処理能力が大きく向上したことによって、脳みそをまねできるくらいの計算処理が可能になった、というわけです。

先ほど見たとおり、脳みそはニューロンが層になっているものです。この層が多ければ多いほど、より複雑な関数（脳みそ）fがつくり出せるわけですが、それだけ必要な計算量が増えてしまいます。深層学習のアイデアは持っていたとしても、それを試すのに莫大な時間がかかっていては、おちおち実験もしていられません。最近になってようやく、その計算量に耐えられるような環境が整い、アイデアを具体的な形にすることができるようになったのです（深い層がつくれるようになったので、「深層」学習と呼ぶわけです）。

この深層学習の発展に大きく貢献しているのが、**GPU**（Graphics Processing Unit）というコンピュータの演算処理装置です。コンピュータには、**CPU**（Central Processing Unit）とGPUという2種類の処理装置があり、それぞれ異なる役割を担っています。

ＧＰＵコンピュータ全般の作業を処理するものです。私たちは普段パソコンでネットを見たり、音楽を聴いたり、メールをしたりとさまざまなことをしています。これはコンピュータ側からしてみると、さまざまなタスクを次々と命じられていることになるわけですが、それを順番に処理していくのが、ＣＰＵというわけです。

一方のＧＰＵは、もともとは名前にも含まれるとおり、画像の処理を担う存在でした（今もそうです）。映像や３ＤＣＧなどを処理する場合は、ＣＰＵが行っているような色々なタスクを順序よくこなしていくといったことを考えるよりかは、同じ画像に対して同じ処理を一挙に行うといったことが求められます。その、大規模な並列演算に特化した存在がＧＰＵというわけです。こう聞くと、ＧＰＵのほうが大規模な処理を行えるので高性能に思えるかもしれませんが、逆にＧＰＵは色々な作業をこなしていくことができません。決められた処理を行うからこそ、大規模かつ高速に計算することができるのです。

深層学習は、まさしくＧＰＵによる計算との相性が抜群です。ニューラルネットワークはニューロンが層構造になってはいますが、それぞれのニューロンの仕組みは変わらないので、同じような計算を一気にすることが求められるためです。

ニューラルネットワークの計算をＧＰＵ上で行えるようにしたこと、そしてＧＰＵの性能自体が向上したこと。この２つによって、今の人工知能ブームはできあがりました。深層学習は人工知能の手法が進化しただけなのではなく、それを取り巻くハードウェアの進化に手助けられているのです。

よくよく考えてみると、私たちの生活は複数のテクノロジーの進化が重なることによって便利になっています。例えばスマホ。当たり前のようにみんなスマホで動画を見たり、高画質なゲームをしたりとしていますが、もし通信速度が遅かったらどうでしょうか？　もしスマホの処理能力が低かったらどうでしょうか？　きっと、動画もゲームもいちいち止まって、もはや楽しむことはできないでしょう。この時代だからこそ、スマホはこんなにも広まったと言えます。

深層学習も今はＧＰＵの進化によって支えられていますが、例えば商用化が期待されている量子コンピュータが本当に実現したら、また人工知能は新しい進化を見せることでしょう。

深層学習は「どこで」すごいのか?

とにかく「すごい！」と騒がれている深層学習ですが、いったいどこでそんな成果を上げているのでしょうか？　忘れてはならないこととして、少なくとも、深層学習もまだ「弱い人工知能」なわけです。

深層学習が成果を上げたところ、まず物体認識のコンペであるＩＬＳＶＲＣは間違いありません。すなわち、画像を認識する、ということに関しては、深層学習はもはや人間に勝るとも劣らない性能を発揮します。そして、研究もかなり活発な分野です。

こうした、研究に力が注がれている分野が大きく２つあります。それぞれ、次のとおりです。

・**画像処理**
・**時系列処理**

画像処理に関しては言わずもがなでしょう。一方の時系列処理とは何でしょうか？時系列、というくらいなので、時間に沿ってできたデータを処理することになるわけですが、どんなものがあるでしょうか？

あたかも難しそうな雰囲気を醸し出してしまいましたが、実際はまったく難しく考える必要はありません。私たちの身の回りには、時系列データで溢れているからです。

例えば株価の推移も時系列ですし、毎日の気温の変化や、時間ごとの道路の渋滞率、月ごとの商品売上の推移などなど、世の中は時系列でできている、と言っても過言ではありません。

では、研究ではここで例示したデータの分析が行われているのかと言うと、実はちょっと違います。研究における時系列処理では、主に次の2つに焦点が当てられています。

・**自然言語処理**
・**音声処理**

ここで登場した自然言語とは、日本語や英語、中国語といった、「人間が話したり書いたりする言葉」を指します。これに対し、例えばコンピュータで用いられるようなコンピュータ言語は人工言語と呼ばれます。

なぜ自然言語が時系列データなのでしょうか？　それは、言葉も「並び順が意味を持つ」からです。例えば「ありがとう」が、「がうあとり」となっていたらまったく意味が通じませんよね。時間に沿って「あ・り・が・と・う」と書くあるいは話すことで、はじめて意味を持つことになります。単語だけでなく、文章も同じことが言え

ます。あなたが今読んでいるこの文章も、それはそれはきちんと品詞の順番が考え抜かれた、研ぎ澄まされた文章だからこそ読みやすいわけです（よね？）。品詞の順番がめちゃくちゃだったら、読んでもちんぷんかんぷんでしょう。

つまり、私たちが普段何気なく書いたり話している言葉は、実はその順序が非常に重要な役割を担っているのです。文書の要約や文書の翻訳をいかに精度よくできるかは、機械学習における長年の大きな課題となっていました。深層学習の研究が進んだことによって、これまでに比べてかなりの精度を達成することができるようになった、というわけです。

例えば2017年の1月に、グーグル（Google）翻訳で用いられている手法が従来の機械学習から深層学習ベースにアップデートされたのですが、かなり精度が高いとして話題となりました。これを実現するには、もちろん手法だけでなく、英語と日本語の対訳といったデータが膨大に必要となるのですが、ひとたびデータが用意できるならば、もう機械による翻訳は実現できることが分かったわけです。

一方の音声も時系列なのはもうイメージできますよね。話す、という文脈での自然言語は音声であり、まさしく時系列データです。音声だけに限らず、一般的な音全般、その並び順がきちんとしていてはじめて意味を持ちます（物理をやっていた方は、そもそも音は「音波」と言われるように波なわけですから、時間軸に沿ったデータということはよくお分かりかと思います）。

人がしゃべっている言葉を機械が文章に書き起こす、あるいは書いてある文章を機械にしゃべらせる、といった課題が音声処理でよく取り組まれているものとなります。特に機械にしゃべらせる、というのはかなり難しい問題に分類されるものでした。どうしてもイントネーションが不自然になってしまいがちだからです。ＳＦ小説なんかでも、機械がしゃべる言葉は「チョウシハイカガデスカ」みたいに書かれていて、何の違和感もなくそれを受け入れていますよね。でも、今となっては、機械はもはや人間と区別がつかないくらい流暢な言葉をしゃべってくれるのです。

画像、自然言語、音声。研究で活発に取り組まれているのはこの３つの領域ですが、これ以外に深層学習は使えないのかと言うと、まったくそんなことはありません。他のさまざまな領域で、深層学習が応用されています。例えば自然言語処理で考えられた手法は、他の時系列データにももちろん応用できるものです。あくまでも、この３つの領域だと、先行事例がすでにあるのでどのような結果が得られるのか目安をつけやすい、くらいに思ってもらえればと思います。

発展編と銘打って、深層学習がどんなものなのかについて見てきました。「深層学習は機械学習の一部」と何度も触れてきたように、深層学習も、あくまでも入力・出力の間にある関係性を見つけ出す手法にすぎません。ただ、その見つけ出す力がものすごい、というわけです。

一方、深層学習は複雑な関係性を見つけ出そうと計算時間がかなりかかりますし、必要なデータ数も多いです。ですので、従来の機械学習と比べると、結果が出るまでには時間がかかるケースが多いでしょう。また、どうしてその予測結果（出力）が得られるのか、説明できないというデメリットもあります。例えばよさげな特徴量がすでに分かっているのだとしたら、わざわざ深層学習を使う必要はないでしょう。ちょっとした小山を登るのに、エベレストでも登れそうな装備で行くのは逆に疲れてしまうのと同じです。

細かな特徴量設計ができない場合、そして予測精度がとにかく高ければ、何が効いているのか詳細は分からなくてもいい、という場合に、深層学習はその真価を発揮することとなるでしょう。

ビジネスでAIを展開する

大切なのは、
疑問を持ち続けることだ。
神聖な好奇心を失ってはならない。

（アルベルト・アインシュタイン）

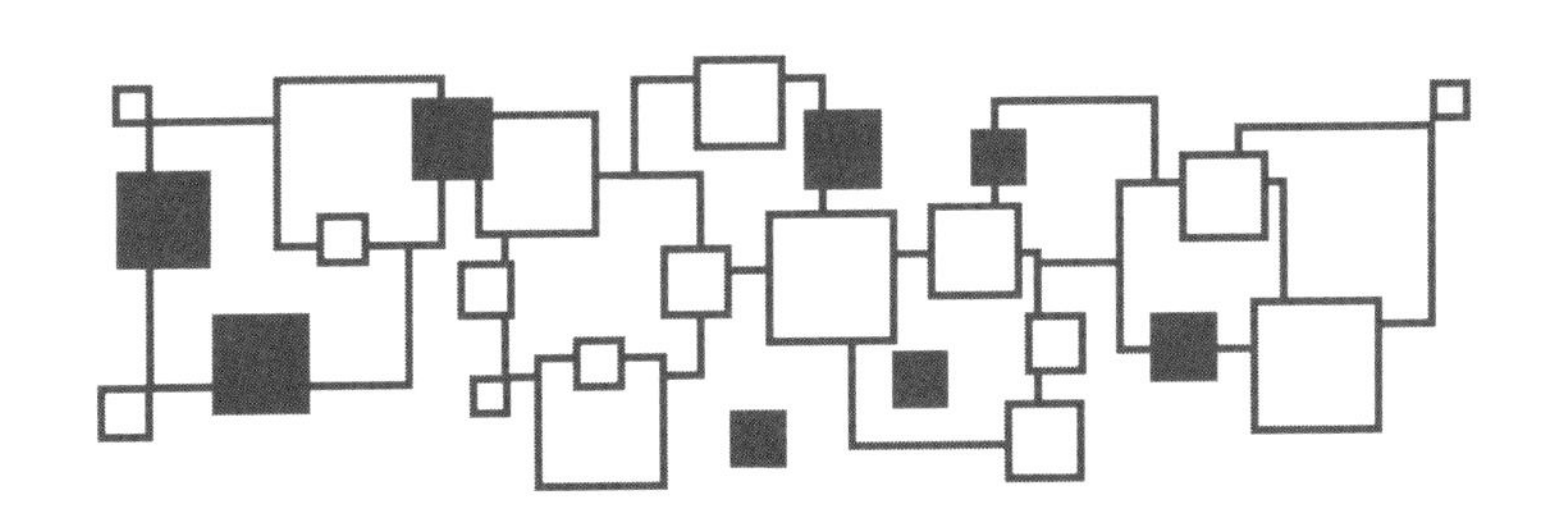

この本では、大きく3編（知識編・実用編・発展編）の構成で、「人工知能でなんかプロジェクト」をやる場合に必要なことをまとめてきました。実際、ここまでに見てきた内容をきちんと把握していれば、ビジネスを進めるうえでは何の問題もないでしょう。あとはひたすら「トライ・アンド・サクセス」するだけです。

そうした話とはちょっと別に、人工知能に関して「知っておくと便利なこと」のような位置づけでいくつか紹介したいトピックがありましたので、それらを実践編として、ちょっとばかし書いていきたいと思います。ここまでで疲れた頭を休めるつもりで、リラックスして読んでみてください。

中を育てるのか外に頼むのか

機械学習や深層学習を活用することでビジネス課題が解ける可能性がぐっと高まりそうだということは、この本でひたすら見てきました。では、実際あなたが機械学習（・深層学習）の手法を実践するのかと言うと、きっとそうはならないでしょう。プロジェクトの流れについてはイメージできたことかとは思いますが、実際にニューラルネットワークなどの手法を実務レベルで扱えるようになるには数学やプログラミングの知識が必要不可欠ですので、学習にはそれなりに時間がかかってしまいます。

仮に受験時代の自分もびっくりするくらいひたすら勉強にその身を捧げたとしても、半年以上は習得するまでに時間がかかってしまうでしょう（プログラミングができるならば、もう少し短い期間で済むかもしれません）。その間に普段の仕事もあるでしょうから、カラダを壊してしまわないか心配です。

ではどうすべきかと言うと、選択肢は2つしかありません。

・**社内で機械学習を扱える人に手伝ってもらう**
・**社外で機械学習を扱える人（会社）に手伝ってもらう**

社外の人なり会社なりに手伝ってもらう、すなわち発注する場合は話は簡単です。予算があるならば、頼んでしまうのが最もスムーズでしょう。今回の人工知能ブームを受けて、にわかに「機械学習・深層学習できます」と謳う、なんともうさん臭い企業も（残念ながら）出てきてしまってはいるのですが、きちんとした知識が身についたあなたなら、そんなところには騙されず、適切な選定ができるはずですので、心配には及びません。

では社内はどうでしょうか。もちろん、もしすでに機械学習を扱える方がいらっしゃるなら、そしてその方がすぐにあなたとともにプロジェクトを進められる状態にあるなら、こんなにラッキーなことはありません。でもおそらく、この本を手に取っているということは、なかなかそんな恵まれた環境にはないのではないでしょうか。

データサイエンティストなのか　機械学習エンジニアなのか

ということで、ここで新たな選択肢がまた2つ登場します。

・社内に機械学習を扱える人を雇う
・社内で機械学習を扱える人を育成する

つまり、社内の人材を強化する、というわけです。こうして言葉で書くのは簡単なのですが、実際はこれまた一大プロジェクトです。機械学習が扱える人間は今は完全に需要のほうが上回っている状態なので、新しく人材を雇うと決めたとしても、なかなか採用にまでいたるのは難しいでしょう。また、ここで言う「人材」をどう見極めるのかも非常に重要です。

というのも、ただ単純に機械学習を「扱える」と言っても、実はそこには大きく2つの方向性があるからです。自分のところでは、いったいそのどちらを必要としているのか、よく考えておかなければなりません。

ではその方向性はいったい何かと言うと、実は職種の名前でも分かれています。

・データサイエンティスト
・機械学習エンジニア

この2つ、募集要項に同じくらいよく出てくる職種なのですが、残念ながらごっちゃにされてしまっているケースが多いのです。確かに、どちらも機械学習の理解は必須ですし、数学やプログラミング力も不可欠なのですが、最終的に「データ分析した結果で何をしたいのか」によって求められるスキルが変わってきます。

データサイエンティストは、名前のとおり「サイエンティスト」なので、データを分析・考察し、データから新しい価値や知見を見つけ出すのが仕事です。一方の機械学習エンジニアは、こちらも名前のとおり「エンジニア」ですので、「機械学習をエンジニアリングすること」が仕事になります。つまり、機械学習による予測の仕組みをアプリケーションに取り入れ、運用してくことが目標です。

なので、簡単に言ってしまうと、「自社のサービス・プロダクトに機械学習を取り入れるか」どうかで、話が変わるとも言えます。分析結果をもとにプロジェクトの戦略を考えたりするならば、必要なのはデータサイエンティストとなりますし、例えばアドネットワーク（ネット広告）を提供するならば、アクセスしたユーザーに合う広告を予測し、実際に配信するまでを考えなくてはならないので、機械学習エンジニアが必要となります。

お互いに求められるスキルは重なる部分も多いですし、どちらが優れている、というのは特にありませんが、ニュアンスとしては数学力がより高いのがデータサイエンティスト、プログラミング力がより高いのが機械学習エンジニアになります。自分のプロジェクトなり、会社なりがどちらの人材を必要としているのか（あるいはどちらも必要としているのか）は意識しておくと、上手な採用につながるでしょう。

ブーム最大の貢献は環境が整ったこと

では、新しく採用するのではなく、社内にいる人材を育成することを考えたい場合はどうするといいでしょうか？　先ほどお伝えしたように、機械学習を実践するには、数学力とプログラミング力が必要です。機械学習の理論を知り、それを自分で実装しなくてはならないからです。こればかりは逃れようがありません。そして、更に「誰に・どうやって教わるか」というそもそもの問題もあるのですが…実は、こちらに関してはそんなに問題になることはありません。

私が個人的に、今回のブームで最も素晴らしいと思ったことはここにあります。機械学習が扱える人材が圧倒的に足りていないのは間違いないのですが、その一方で、実は機械学習の教育コンテンツがものすごい勢いで充実してきているのです。例えば海外に目を向けると、スタンフォード大学などの有名な大学は、機械学習に関する授業で用いている教材を無料で公開してくれていたりします[3]。他にも、有料にはなりますが、コーセラというオンライン講義のサイトでは、とても充実したコンテンツが用意されています[4]。

3）例えば、http://cs229.stanford.edu/
4）例えば、https://www.coursera.org/specializations/deep-learning

こうして整理された情報に簡単にアクセスできる環境がある、ということは、勉強をし始めるハードルもかなり下がりますから、それだけ（近い）将来の人材も増える、ということです。現に、今は世界中の意欲ある方がオンライン上で学習を進めています。

では国内はどうでしょうか。国内も負けてはいません。例えば東京大学の松尾研究室（なんと、私が所属していた研究室）では、社会人向けに深層学習の公開講座を行ったり（なんと、私も講義を行いました）、ＤＬ４ＵＳ[5]という、深層学習の無償オンライン教育プログラムを提供しています。他にも、ベンチャーをはじめとして多くの企業が、教育プログラムを提供し始めています。もちろん、教育プログラムだけでなく、書籍やネットにもたくさんの良質な情報がまとめられているので、そちらを参考にするのもいいでしょう。「機械学習そのものが産業になりつつある」ことが、これまでのブームとはまた異なる雰囲気をつくり出しているのではないかと思います。

というわけで、機械学習の習得には間違いなくある程度の時間は必要になるのですが、学習の土台はしっかりとしたものが準備されていますので、今が投資のしどきとも言えます。上司を説得するなら、今なのです！（もしあなたが上司なら、今がチャンスなのです！）

5) http://dl4us.com/

4.2 機械学習に必要なものを知る

これまで、あなた自身が実際にデータ分析をすることはない、という前提で話をしてきました。でも、もし仮にあなたが自分で機械学習を用いることになったとしたら、いったい何が必要になるでしょうか？　大きな分類で言うと、数学とプログラミングであることは間違いありません。ではもっと細かく見ていくとどうなるのでしょう？

実は、さぞかし難しいと思われている機械学習・深層学習ですが、理解に必要となる数学知識自体は、それほど多くありません。具体的には、次の3つの分野になります（数学に不慣れな方は、ここから先は読み飛ばしてもらっても構いません）。

- 微分・積分
- ベクトル・行列
- 確率・統計

3つと見せかけて6つあるじゃないか！　というツッコミが入るかもしれませんが、それぞれはひとつの学問分野でまとめられることが多いので、分野的には3つとなります。すべてを網羅しようとすると、大学1年生レベルの数学知識は求められます。でも、逆にこれは大学の専門課程レベルまでは求められない、と言うこともできます。

特に、深層学習の礎を成すニューラルネットワークは、機械学習の中でもモデル自体はかなりシンプルですので、理解しやすいはずです。ニューラルネットワークは人間の脳みそをモデル化したものなわけですが、そのモデルが複雑なのだとしたら、それはもはやモデル化とは言えませんからね。

いずれにせよ、必要なのは前述の3つ（6つ）だけになります。機械学習は y = f(x)、すなわち関数なので、関数の最大値や最小値を求めるために必要な微分・積分。複数の特徴量を同じ式で一気に計算するためのベクトル・行列。出力（予測）がどういったものになるのかを計算するための確率・統計。こうした位置づけとなります。

（再び）ブーム最大の貢献は環境が整ったこと

あまり複雑な数学の知識は必要ないと言えども、なかなか数学と聞くと抵抗感を持ってしまう方も多いでしょう（何を隠そう、私もそのひとりです）。数学を、プログラムに落とし込む。想像しただけでだいぶ気が滅入ってしまいそうです。

でもありがたいことに、ここでもう一度、人工知能ブームの恩恵を受けることができます。実は、機械学習の手法、自分でゼロからプログラムする必要はまったくないのです。というのも、この分野の偉大な先駆者たちが、機械学習の手法をすでにプログラムとして無料で（！）公開してくれているのです。誰しもが共通でプログラムしなくてはならないであろう部分は、どれも使いやすいようにパッケージ化されているので、私たちはそれを自分のプログラム内で呼び出すだけで済みます。

こうした、第三者が使いやすいようにプログラムの一部をパッケージ化したものを**ライブラリ** あるいは **フレームワーク** と言います（これらの用語は、人工知能分野だけに限らず、ソフトウェア開発全般で共通のものになります）。

人工知能ブームによって、Google（グーグル）やFacebook（フェイスブック）、Microsoft（マイクロソフト）といった巨大企業はいずれも自社が先陣を切って機械学習・深層学習のライブラリを開発しています。日本でも、Preferred Networksという会社が**Chainer**（チェイナー）と言うライブラリを公開しています。また、企業だけでなく、大学の研究室や、個人ベースでも多くのライブラリがつくられ、公開されています。有名なライブラリを名前だけ挙げておくと、**TensorFlow**（テンソルフロー）、**Keras**（ケラス）、**PyTorch**（パイトーチ）、**Caffe**（カッフェ）といったものがあります。

もはや企業と同じように、ライブラリも競合がひしめき合っている状態ですし、どんどん新しいものも出てきているので、ちょっと先の未来では廃れているライブラリもあるかもしれませんが、少なくとも現状では、ここで挙げたものはよく使われているものになります。

では、企業が自社で多くの時間をかけて開発したライブラリを、なぜ（私たちにとっては非常にありがたい話なのですが、）あえて無料で公開するのでしょうか？

それにはいくつかの理由があるのですが、まず「機械学習・深層学習の技術は独占できるものではない」ということが挙げられます。いずれの手法も、それ自体は数学で支えられた共通のものですから、誰しも（そこそこ時間をかければ）実装することはできてしまいます。ですので、秘匿にしておくことによる優位性は特にないと言えるのです。

それならば、いっそのことフリーで公開してしまったほうが多くのメリットがあります。ソフトウェアの世界では、このようにプログラムを一般公開することをオープンソースと言うのですが、オープンソースとなったソフトウェア（ライブラリ）は、誰しもが自由に開発に貢献することができます。

世界中の人が、公開したソフトウェアに対して、よりよくしようと開発に貢献してくれるのです（個々人は、純粋にそうした活動が好きな人もいれば、それがステータスとなるので積極的に活動している人もいます）。自社内のエンジニアの人数以上の人たちが開発に貢献してくれるので、ソフトウェアの改善スピードは当然ながら飛躍的に向上します。新しい手法が発表されたら、誰かがそれをいち早く実装してくれますし、もしバグが含まれている場合は、誰かが見つけて修正してくれる可能性が高くなります。その結果、自社のサービスの質も向上することにつながるわけですね。

いずれにせよ、私たち個人はこうしたライブラリを簡単に使うことができるので、手法について理解できさえすれば、手法を実装すること自体はそんなに時間をかけずとも実現できてしまう場合が多いのです。

ただし、ライブラリをあまりにも簡単に、便利に使えるようになったので、よく理論を知らないまま、ネットなどに転がっているプログラムをそのまま「コピペ」で転用し、できた気になっている場面を見かけるのも事実です。これは機械学習に「慣れる」という意味では最初はいいかもしれませんが、これに慣れすぎてしまうと非常に危険です。結局自分が何をやっているのか分からない、といった状況に陥りがちですし、取りあえず機械学習のプログラムを書いてなんとかしよう、という手段と目的が逆転しやすい状況をつくり出すことにもつながります。理論の隅から隅まで完ぺきに理解しろ、とまでは言いませんが、各手法がどういった特徴をもったアプローチなのかまでは把握しておくようにしましょう。

「ライブラリが充実しているってことは、データ分析にかかる時間って実はほとんど無いんじゃないの？」なんて思われる方もいらっしゃるかもしれません。確かに、手法（モデル）部分の実装にかかる時間は大幅に減りました。でも、なんと言っても時間がかかるのは、データを「キレイにする」ところなのです。つまり、データの質を確保するための作業です。目的の入力と出力を得るまでに色々ともともとのデータを加工したり、集計したりといったところに、いつも多大な時間が費やされます。これればかりは、昔から変わっていません。機械学習、と聞くとなんだかキラキラした作業をやっているのだと思えてしまいますが、実際のところはかなり地道で泥臭いことがかなり必要なのです。

4.3 機械学習なのか 統計なのか

データ分析という話になったとき、今でこそ機械学習という言葉がかなり騒がれるようになりましたが、それまで一般的に有名だったのは統計手法かと思います（そしてもちろん今も有名です）。

実際、データ分析の現場でも次のような質問をいただくことがよくあります。

「機械学習と統計の違いって何なの？」と。

この質問もなかなか厄介なものです。おそらく機械学習に携わっている方でも、この問いかけについて明確に答えられる方は意外と多くないのでは、と思っています。機械学習に詳しいからと言って、必ずしも統計にも詳しいわけではないのです（当然ながら逆もまた然りです）。

両者ともに精通しているほうが、よりデータ分析における信頼性は上がるかもしれません。しかし、別に機械学習を知っていて統計を知らなくても実務上は問題ないと言えてしまうくらい、両者が求めているものは異なるのだと言えます。

ではいったい何が違うのでしょうか？　これはひとことで言うと、「人間が説明できるような結果を求めるかどうか」が答えになるでしょう。どういうことなのか、も

う少し詳しく見ていくことにします。
　実は、機械学習も統計も、基本となる考え方は同じです。すなわち、どちらも

$$y = f(x)$$

これで表されることに変わりはありません。入力 x があり、そこから関係性 f を通して、出力 y を得る。要は、入力・出力の間にある関係性を見つけよう、というアプローチ自体は、機械学習も統計も同じなのです。

　機械学習では入力のことを〝特徴量〟なんて言ったりもしましたが、統計では、入力のことを説明変数、出力のことを **目的変数** と言います。ここに、両者のスタンスの違いが現れているとも言えます。

　統計は、入力で「説明」をしたいのです。すなわち、なぜ「目的」の値が得られたのか、人間が説明できることが重要だと考えています。機械学習で言うところの特徴量設計は統計でも行うのですが、そこで設計した特徴量の「どれが・どれくらい」目的変数に寄与しているのかを統計では求めます。

そもそも統計は、得られたデータがどのような分布になっているのかを調べる手法です。つまり、説明変数がどのような特徴を持っているのかを調べにいくと言えます。もともとが人間がデータを解釈できるようにすることを前提とした手法なのですから、目的変数の寄与度を求めにいくのは当然と言えば当然です。y＝f(x)のfがどのようなものか分かる状態を維持したまま、y＝f(x)を求めるわけです。

一方、機械学習はとにかく予測精度を高めることを目的としています。データがどのような分布になっているのかなどには別に興味はありません。厳密に言うと、機械の中では何かしらの分布を見つけているのでしょうが、それを別に人間が分かっていなくてもいい、ということです。特徴量として関係ありそうなものを見つけるまでは人間がやるから、実際の関係性を見つけるところは機械に任せてしまうのが機械学習なのです。y＝f(x)のfがどれだけ複雑になっていても構わない分、予測の性能は高くなると言えるでしょう。そして、それを突き詰めていったのが深層学習と言えます。逆に、機械学習の手法の中にも、どの特徴量がどれくらい寄与しているのかをある程度知ることのできるものはあります。

機械学習と統計、両者はそれぞれ目的が異なるわけですので、どちらが優れている、ということはありません。何をやりたいのかによって、アプローチを変えることとなります。各アプローチの特徴をまとめたものが次の表になります。

	統計	機械学習	深層学習
解釈のしやすさ	◎	△	×
予測能力の高さ	△	○	◎

このように、データに対する目的も、手法の特徴も異なる機械学習と統計ですが、実は、両者に共通するモデルも中にはあります。機械学習の手法は予測能力を高めるために考えられたわけですが、そのときのデータ分布について考えてみると統計と同じだった、ということがあったわけですね。

ちなみに、これはまったく厳密ではないのですが、先ほどのデータサイエンティストと機械学習エンジニアについて。データサイエンティストは統計の手法にも精通している方が多いように思います。職種柄、統計のスキルが求められがちだからとも言えるでしょう。

実践編ということで、いくつか脈絡を気にすることもなく知っておいてもらいたいトピックを紹介しました。ここで取り上げたトピックは、実は現場で機械学習を用いている方も意外と知らない場合が多いのではないかと思います。

ということで、ここまで知っておけば、もうあなたも晴れて人工知能マニアの仲間入りです！　あとあなたに欠けているのはプロジェクト経験だけですが、もう怖いものはありません。自信を持って突き進んでみてください。

エピローグ

「ちょっとさ、人工知能を使ってなんかプロジェクトやってみてよ。」

さて、改めてこの言葉があなたに投げかけられたとしましょう。いったいどういった反応をするでしょうか？　まだまだ完ぺき、とは言わなくても、少なくとも人工知能と言うだけで、いくつかの手札があることはお分かりいただけたかと思います。

手札というのは、「フレームワーク」に近いかもしれません。例えばビジネスを進めるうえで有名なフレームワークには、3C分析やSWOT分析があります。「そんなの実際の現場では使えないよ」といった声を聞くのも事実ですが、私は、こうしたフレームワークは、何か道に迷ったときに頼るべき「道標」になると思っています。何か切り口がないと、人はなかなか何から手をつけていいのか分からないものです。そんなとき、フレームワークは大事な取っかかりとなるわけですね。人間の思考は面白いもので、何か取っかかりを持って取り組み始めると、たいていの場合、別の切り口が思い浮かびます。ある物事から別の物事を連想することができるのは、人間だけの特権とも言えます。

この本では、それぞれの人工知能ブームにのっとって、代表的な手法について触れてきました。推論・探索、知識表現、機械学習、そして深層学習。これらも、フレームワークとして考えておくと、実際のビジネスの場でも整理がしやすいかもしれません。実際、多くのページを割いた機械学習（・深層学習）では、「どのような流れで考えていけばいいのか」ということをとにかく重視しました。

課題を設定して、出力を設定して、入力を設定する。機械学習はこの流れを踏むと何度も書いてきましたが、これを意識することで、自ずと「機械学習フレームワーク」にビジネス課題を乗っけていることになります。人工知能の手法は、いずれもプログラミングや数学が必要になりますが、どちらも厳密さを求めるものです。機械学習を試せるようにする、ということは、課題を厳密にするということにつながります。ビジネス上の課題なんてあいまいな状態になっているものがほとんどで、どうすればそれを具体的にできるのか分からない場合が多いでしょう。そこに対して、「機械学習を試すことのできるような形に課題を書き換える」という道標が与えられると、なぜか具体的にできてしまうから不思議なものです。

今は間違いなく人工知能ブームのまっただ中なわけですが、あまりの過熱っぷりに、人工知能「バブル」と揶揄する人もいます。確かに、実際どんな人工知能技術が使われているのかを伏せたまま、自社の商品に人工知能という言葉をつけて触れ回る企業が増えているのは、かつてのドットコムバブルを彷彿とさせます。でも、少なくとも研究の分野では、間違いなくこれまでにない成果が出ているので、確たる技術に支えられてはいるわけです。このブームがバブルになってしまうのかどうかは、やはりドットコムバブルのときと同様、きちんと技術を理解しているか、そしてその技術をきちんと活かしているのかにかかっているでしょう。今のところ、「人工知能を使ってなんかプロジェクト」という発言が聞こえてきてしまうくらいには、ちょっと怪しげです。

一方で、この人工知能ブームによって、怪しげながらも間違いなくいいことも起こっています。それは、多くの企業がデータの活用について積極的になっているということです。ブームの前は、データ分析なんてごく一部の企業でしか行われていませんでしたが、今や当たり前のようにデータという言葉が飛び交っています。深層学習の登場は人工知能革命とも言われていますが、ビジネス界では「データ革命」が起きたと言えるでしょう。まだまだ機械学習・深層学習に取り組めているところは少ないでしょうが、その土台は着々とできつつあります。

人工知能はあくまでも技術、手法にすぎず、それを生かすも殺すも人間次第、あなた次第です。この本を通じて多くの手札を知ったあなたは、きっと実りある人工知能プロジェクトを実現してくれることを期待しています。

人工無脳……56
深層学習……5, 70, 141, 162
シンボルグラウンディング問題……54
推薦問題……129
推論……32
数学……5, 78, 181
スタンフォード大学……178
正解率……122

■ た行

ダートマス会議……13
第1次人工知能ブーム……32
第2次人工知能ブーム……44
第3次人工知能ブーム……68, 141
探索……32
知識表現……44
知能とは何か……29
チャットボット……56
チューリング・テスト……29
強い人工知能……20, 22
ディープラーニング……5, 70, 141
データ……68
データサイエンティスト……176
データの分割……118
データを集める……103
適合率……122
テストデータ……117
特徴量……67, 145
特徴量設計……145
特化型人工知能……22

■ な・は行

ニューラルネットワーク……152
ニューロン……151
脳みそ……151

パターン……60, 81
汎用人工知能……22
ビジネス……17, 82
ビジネス課題……93, 100
ビッグデータ……70
評価……120
フレーム問題……52
フレームワーク……183
プロジェクト……17
分類問題……98
報酬……90

■ ま・や・ら行

向き・不向き……72
目的変数……190

弱い人工知能……20, 22, 166

ライブラリ……183
「楽」をする……17
量子コンピュータ……164
レコメンデーション……88, 132, 135
レコメンドエンジン……132

INDEX：索引

■ 英字

Caffe……184
Chainer……184
CPU……162
Cyc……47
DL4US……179
ENIAC……14
F 値……123
GPU……162
ILSVRC……142
Keras……184
MYCIN……44
PyTorch……184
TensorFlow……184
y = f(x)……76, 144, 190

■ あ・か行

アプローチ……108
エキスパートシステム……47
オーバーフィッティング……120
音声処理……167
オントロジー……47

回帰問題……98
概念とその関係性……47
学習……60, 68
過去の経験……61
画像処理……166
画像認識……145
株価……94
関数……76
機械学習……5, 59, 75
機械学習エンジニア……176
機械学習的思考力……136
機械学習と統計の違い……189
機械学習の三角関係……113
強化学習……88, 92
共起……134
教師あり学習……82, 84, 99
教師なし学習……85, 87
協調フィルタリング……132, 133
クラスター……88
訓練データ……117
効率化……17
コーセラ（coursera）……178
誤認識率……146, 149
コンピュータの性能……69

■ さ行

再現率……122
三角関係……108
時系列処理……166
時系列データ……168
思考が早い……36
自然言語処理……167
ジャッカード指数……134
神経細胞……151
人工知能……4, 13
人工知能ブーム……24
人工知能をつくる目的……13

INDEX

[著者紹介]

巣籠悠輔（すごもり・ゆうすけ）

電通・Google NY支社勤務を経て、株式会社情報医療のCTOとして創業に参画。医療分野での人工知能活用を目指す。2018年にForbes 30 Under 30 Asia 2018に選出。著書に『詳解ディープラーニング』（マイナビ出版刊）等がある。

編集担当：山口正樹
装丁・本文デザイン：海江田 暁（Dada House）
DTP デザイン：Dada House

ビジネスパーソンのための人工知能入門

2018年 5月22日　初版第1刷発行

著者…………巣籠悠輔
発行者………滝口直樹
発行所………株式会社 マイナビ出版
〒101-0003　東京都千代田区一ツ橋2-6-3 一ツ橋ビル2F
TEL：0480-38-6872（注文専用ダイヤル）
03-3556-2731（販売部）
03-3556-2736（編集部）
E-mail：pc-books@mynavi.jp
URL：http://book.mynavi.jp
印刷・製本…シナノ印刷株式会社

ISBN 978-4-8399-6551-8